全国中药资源普查成果

新疆特色药用资源图谱Ⅱ

贾晓光　李晓瑾　主编

科 学 出 版 社

北 京

内容简介

本书是第四次全国中药资源普查新疆试点项目的阿勒泰与和田地区中药资源普查队在2012年、2017年、2018年中药资源普查工作的基础上编辑而成，是《新疆特色药用资源图谱Ⅰ》的补充。本书共收录126种（含变种、亚种）新疆阿勒泰地区与和田地区的特色药用植物，并精选了能客观反映植物资源特点的400多幅照片。本书采用图片与文字紧密结合的形式，介绍了新疆阿勒泰地区与和田地区特色药用植物的生物学特性、别名、药材名、生境、分布、性味归经、功能主治、化学成分及药理作用等，使用价值较高。本书内容反映了所收录物种的研究现状，对有志开发阿勒泰地区与和田地区中药民族药资源的有识之士具有重要的参考价值。

本书可供药学、农学、草业科学和植物学等领域的科技人员、在校师生，以及传统医药学爱好者参考使用。

图书在版编目（CIP）数据

新疆特色药用资源图谱. Ⅱ / 贾晓光，李晓瑾主编. —北京：科学出版社，2021.6

ISBN 978-7-03-069003-6

Ⅰ. ①新… Ⅱ. ①贾… ②李… Ⅲ. ①药用植物-新疆-图谱 Ⅳ. ①Q949.95-64

中国版本图书馆CIP数据核字（2021）第104586号

责任编辑：马 俊 付 聪 / 责任校对：郑金红
责任印制：肖 兴 / 书籍设计：北京美光设计制版有限公司

科学出版社 出版
北京东黄城根北街16号
邮政编码：100717
http://www.sciencep.com

北京九天鸿程印刷有限责任公司 印刷

科学出版社发行 各地新华书店经销

*

2021年6月第 一 版 开本：787×1092 1/16
2021年6月第一次印刷 印张：16 1/4
字数：385 000

定价：318.00 元

（如有印装质量问题，我社负责调换）

《新疆特色药用资源图谱Ⅱ》
编委会

主　　编　贾晓光　李晓瑾

执行主编　王果平　朱　军　徐建国

副 主 编　樊丛照　石磊岭　王东东　巴哈尔古丽·黄尔汗

编　　委　（按姓氏笔画排序）

马占仓　马存辉　艾山开力得·坎吉别克　托合提·努尔

刘　冲　刘　强　李婷婷　杜卫星　吾麦尔江·阿不都克热木

轩辕欢　努尔巴依·沙力克逯永满　邱远金

阿不力米提·阿不都热曼　阿依别克·热合木都拉　陈向南

庞市兵　赵亚琴　赵翡翠　姚美琪　贾超驿　曹　佩

常永超　董俊俊

审　　核　阎　平

前　言 / PREFACE

全国第三次中药资源普查（1983 ～ 1987 年）距今已 30 多年，随着环境条件的变化，以及人类活动的影响，中药资源的种类、分布、储量均发生了一定的变化，已有的资料难以对新疆中医药产业的可持续和良性发展提供全面、准确的指导。2012 年在自治区人民政府和国家中医药管理局的领导下，第四次全国中药资源普查新疆试点正式启动，由自治区卫健委组织，新疆维吾尔自治区中药民族药研究所为技术依托单位全面展开实施。其中，阿勒泰地区与和田地区 8 县市入选为第一批试点县，2017 年阿勒泰地区其余 3 县 1 市为第三批普查县市，2018 年和田地区其余 4 县市为第五批普查县市。

新疆阿勒泰地区地处新疆北部，包括阿勒泰市、布尔津县、哈巴河县、吉木乃县、福海县、富蕴县、青河县 6 县 1 市。该地区与俄罗斯、哈萨克斯坦、蒙古接壤，地貌类型复杂多样，夏季干热，冬季严寒，是丝绸之路经济带北通道和新疆参与中蒙俄经济走廊建设的重要节点地区，素有北疆“水塔”之称，同时又是水源涵养型山地草原生态功能区。该地区野生动植物物种丰富，药用植物种类繁多，名贵中药材、珍稀濒危植物、特有植物资源丰富。

新疆和田地区位于新疆南隅，包括和田市、和田县、墨玉县、皮山县、洛浦县、策勒县、于田县、民丰县 7 县 1 市。该地区南抵昆仑山与西藏交界，北临塔克拉玛干沙漠与阿克苏地区相连，东部与巴音郭楞蒙古自治州相接，西部与喀什地区毗邻，西南以喀喇昆仑山为界，与克什米尔地区接壤，属典型的内陆干旱区，为干旱荒漠性气候。和田地区具有浓郁的民族特色，为新疆民族药的发源地之一。

本书凝结了阿勒泰与和田地区中药资源普查队的普查成果，精选了阿勒泰地区与和田地区具有代表性的百余种药用植物，旨在助力于关注新疆中药及其产业发展的领导、专家及各界人士，为新疆中药事业可持续发展做出更多、更大的贡献！衷心感谢第四次全国中药资源普查办公室和自治区中药资源普查领导办公室的支持，感谢自治区学术著作出版基金的资助。同时，感谢2011年中医药公共卫生专项“国家基本药物所需中药原料资源调查和监测项目”（财社〔2011〕76号）、2017年中医药公共卫生服务补助专项“全国中药资源普查项目”（财社〔2017〕66号）、2018年中医药公共卫生服务补助专项“全国中药资源普查项目”（财社〔2018〕43号）的支持。

本书生物学特性的描述源于《中国植物志》、《新疆植物志》。本书主要参考资料还有《中华人民共和国药典》、《中药大辞典》、《中华本草》、《哈萨克药志》和《维吾尔药志》。

本书编者均为一线普查人员，囿于自身水平和专业，难免有不妥之处，敬请读者不吝赐教，以便更正，谢谢！

编　者

2020年11月于乌鲁木齐

目　录 / CONTENTS

新疆特色药用资源图谱 II

Atlas of Special Medicinal Resources in Xinjiang

石松科 Lycopodiaceae

高山扁枝石松（高山石松）
Lycopodium alpinum L.

生物学性状 多年生草本。茎匍匐，被全缘鳞片。枝直立状，从匍匐茎上发生，多回掌状分枝，聚成帚状，有生殖枝和营养枝之分，生殖枝圆柱形，营养枝背腹稍扁。叶在营养枝两侧对生，卵状披针形，中部以下跟小枝连合，边外卷，背生和腹生叶片卵状披针形，先端膜质，基部贴生。孢子囊穗无柄，单生小枝顶端；孢子叶阔卵形，顶端收缩，边缘有细微齿。

生　　境 生于海拔 2000 ～ 2500m 的高山干旱石坡。

分　　布 布尔津县。

采集加工 夏秋季采收，晒干或鲜用。

性味归经 味淡，性平。入肝经。

功能主治 活血，止痛。主治关节痹痛、跌打损伤。

化学成分 石松碱、棒石松宁碱、石松文碱、去 N- 甲基 -α- 玉柏碱等生物碱。

药理作用 雄激素样。

用法用量 煎汤，10 ～ 15g。外用适量，捣敷。

储　　藏 置于干燥通风处。

木贼科 Equisetaceae

木贼（锉草、笔头草、笔筒草、节骨草）
Equisetum hyemale L.

药材名	木贼
药用部位	干燥地上部分

生物学性状 根状茎粗，长，黑褐色。地上茎常绿，直立，粗壮，粗糙，质硬，具 15 ～ 20 条棱肋，沿棱肋具 2 列疣状突起，沟槽内有 2 行气孔。叶鞘筒圆筒形，贴茎，顶端及基部各有一黑褐色圈，中部灰绿色；叶鞘齿 6 ～ 20，线状钻形，背部具浅沟，黑褐色，先端长渐尖，常脱落。孢子囊穗紧密，长椭圆形，暗褐色，尖头，无柄。

生　　境 生于海拔 1400 ～ 2300m 的山地河谷岸边，针叶林或混交林林缘。

分　　布 阿勒泰地区、塔城地区、伊犁哈萨克自治州等。

采集加工 夏季采收，除去杂质，晒干或阴干。

性味归经 味甘、苦，性平。归肺、肝经。

功能主治 疏风散热，解肌，退翳。主治目生云翳、迎风流泪、肠风下血、血痢、脱肝、疟疾、喉痛、痈肿。

化学成分 挥发油、黄酮、犬问荆碱、二甲砜、果糖等。

药理作用 扩张血管、降压、抑制中枢神经、抗炎、收敛、利尿等。

用法用量 煎汤，3 ～ 9g；或入丸、散。外用研末。

注　　意 气血虚者慎服。

储　　藏 置于干燥通风处。

鳞毛蕨科 Dryopteridaceae

欧洲鳞毛蕨（绵马、羊齿）
Dryopteris filix-mas (L.) Schott

药材名	欧绵马（贯众、鳞毛蕨）
药用部位	根茎

生物学性状 根状茎密被棕色、阔披针形或狭披针形、薄膜质、透明的全缘鳞片。叶簇生；叶柄连同叶轴被鳞片和钻状鳞毛；叶片二回羽状；互生，小羽片基部下延成翅，无柄；叶脉羽状，表面凹陷，背面微隆起，侧脉分叉。孢子囊群圆形，靠近羽轴成 4 行，上部羽片成 2 行；囊群盖圆肾形，淡褐色，膜质，边缘缺刻状，成熟后常脱落。孢子肾状卵圆形，具鸡冠状突起。

生　　境 生于海拔 1500 ～ 1900m 的山地阴湿针叶林下或小河岸边。

分　　布 阿勒泰地区、塔城地区、伊犁哈萨克自治州等。

采集加工 全年均可采收。挖出后除去叶，洗净，晒干。

性味归经 味苦，性微寒，有毒。

功能主治 清热解毒，凉血止血，驱虫，利水消肿。主治感冒发热、乙脑、痄腮、麻疹、崩漏、肠寄生虫病、水肿、小便不利。

化学成分 多种间苯三酚衍生物，主要有毒成分是绵马酸、去甲绵马素、间苯三酚苷类、间苯三酚酮等。

药理作用 驱虫、抗微生物。

用法用量 煎汤，3 ～ 9g；或研末，2 ～ 4g。

注　　意 本品有毒，宜慎用。孕妇禁服。

储　　藏 置于干燥通风处。

柏科 Cupressaceae

西伯利亚刺柏（山桧、矮桧、西伯利亚杜松）
Juniperus sibirica Burgsd.

药材名	西伯利亚刺柏
药用部位	带叶嫩枝、果实

生物学性状 直立或匍匐灌木。树皮灰色。小枝密，粗壮，红褐色或紫褐色。刺叶3轮生，披针形或椭圆状披针形，通常成镰状弯，先端急尖或上部渐狭成锐尖，上面微凹，中间具1条较绿色边带为宽的白粉带，下面具棱脊。球花单生于一年生枝叶腋。球果圆球形，成熟时黑色或黑褐色，被蜡粉。种子3粒，间或1～2粒，卵形，淡褐色或黄褐色，3棱，每面具树脂槽，顶端尖或钝。花期6月，果期次年成熟。

生　　境 生于海拔1400～2500m的林缘、疏林、林中空地及干燥多石山坡。

分　　布 阿尔泰山、准噶尔盆地西部山地、天山。

采集加工 夏季采集带叶的嫩枝，秋末采集果实，分别晾干。

性味归经 味苦、涩，性寒。

功能主治 清热解毒。主治赤巴病扩散、皮肤瘙痒、痔疮。

用法用量 5～30g，水煎服。

储　　藏 置于通风处。

侧柏（黄柏、香柏、扁柏、扁桧、香树、香柯树）
Platycladus orientalis (L.) Franco

药材名 生侧柏
药用部位 叶、枝、种子

生物学性状 乔木。树冠卵形至广圆形。生鳞叶的小枝细，扁平。叶鳞形，交叉对生，上下两面几同色；中间鳞叶背部具条状腺槽；侧面鳞叶船形，背部具钝脊，尖头下方有腺槽。雌雄球花同株；雄球花黄色，卵圆形；雌球花近球形，深绿色，被白粉。球果卵圆形，成熟前深绿色，肉质，被白粉，成熟后木质，开裂，棕褐色。种鳞倒卵形或椭圆形，顶端增厚，具一外弯尖钩。种子卵圆形或近椭圆形，灰褐色或紫褐色，微有棱。花期4～5月，果期10月。

生　　境 庭院引种栽培。

分　　布 全疆。

采集加工 夏秋季采收，剪取小枝，晾干。

性味归经 味苦、涩，性寒。入心、肝、大肠经。

功能主治 收敛止血，利尿健胃，解毒散淤。种子有安神、滋补强壮之效。

化学成分 挥发油、黄酮类化合物、鞣质、树脂、维生素C等。

药理作用 镇咳、祛痰。

用法用量 煎汤，6～12g；或入丸、散。外用煎水洗、捣敷或研末调敷。

储　　藏 置于通风处。

麻黄科 Ephedraceae

中麻黄（西藏中麻黄）

Ephedra intermedia Schrenk ex Mey.

药材名	麻黄（色道麻、结力根、龙沙、狗骨、卑相、卑盐）
药用部位	干燥草质茎

生物学性状　灌木。木质茎直立或匍匐斜上，常被白粉，呈灰绿色，有细浅纵槽纹。鳞叶膜质鞘状，通常 3 裂，裂片钝三角形或窄三角状披针形。雄球花通常无梗，数朵密集于节上呈团状，稀对生或轮生于节上；雌球花 2 ～ 3 朵，成簇，对生或轮生于节上，无梗或有短梗，成熟时苞片肉质，红色，成浆果状，长卵形或卵圆形，有短柄。种子包于肉质红色苞片内，不外露，通常 3 粒，卵圆形或长卵圆形。花期 5 ～ 6 月，种子成熟期 7 ～ 8 月。

生　　境　生于荒漠石质戈壁、沙地、石质干旱低山坡。

分　　布　全疆。

采集加工　秋季采割，晒干。

性味归经　味辛、微苦，性温。归肺、膀胱经。

功能主治　发汗散寒，宣肺平喘，利水消肿。用于风寒感冒、胸闷喘咳、风水浮肿、支气管哮喘，多用于表证已解、气喘咳嗽。

化学成分　左旋麻黄碱、右旋伪麻黄碱、左旋去甲基麻黄碱、右旋去甲基伪麻黄碱、左旋甲基麻黄碱、痕量右旋甲基伪麻黄碱、麻黄噁唑啉酮。

药理作用　发汗解热、抗菌、抗病毒、抗过敏、增强免疫等。

用法用量　煎汤，1.5 ～ 10g；或入丸、散。外用适量，研末吹入口鼻或研末敷。

储　　藏　置于干燥通风处。

单子麻黄（小麻黄）

Ephedra monosperma Gmel. ex Mey.

药材名	单子麻黄
药用部位	草质茎

生物学性状　草本状矮小灌木。地下茎发达，棕红色。叶连合成鞘筒。苞片淡黄绿色，中部以下连合；假花被跟苞片同色，薄膜质，阔卵形；雄蕊柱连合成单体，伸出，花粉囊顶端者具短柄；雌球花单生或对生节上，具梗，成熟雌球花的苞片肉质，淡红褐色。种子 1 粒，外露，狭卵形，褐色，光滑，有光泽，两面微凸，基部具纵纹。花期 6 月，果期 8 月。

生　　境　生于海拔 1400 ～ 2700m 的干旱山坡石缝中。

分　　布　阿勒泰市、布尔津县、博乐市、托里县等。

采集加工　秋季采收绿色的草质茎。

性味归经　味辛、微苦，性温。入肺、膀胱经。

功能主治　发汗，止咳平喘，解表利水。主治外感风寒、喘咳、水肿。

化学成分　生物碱、挥发油。

药理作用　发汗、解热、利尿、抗病毒。

用法用量　内服宜先煎，1.5 ～ 9g。解表生用，平喘炙用或生用。

注　　意　自汗盗汗者忌用，肺肾虚喘者禁用，失眠及高血压患者慎用。

储　　藏　置于干燥通风处。

胡桃科 Juglandaceae

胡桃（羌桃）
Juglans regia L.

药材名	核桃仁
药用部位	干燥成熟种子

生物学性状 落叶乔木。羽状复叶互生；小叶5～9，对生，卵形、椭圆形或椭圆状卵形，先端尖，全缘。花单性同株，与叶同时开放；雄柔荑花序下垂，花密生，雄蕊6～30；雌花序簇生，直立，生于幼枝的顶端，有花1～3朵，子房下位，密被毛。核果近球形，外果皮肉质，绿色，内果皮骨质，坚硬，有不规则的浅沟。花期5月，果期10月。

生　　境 栽培。

分　　布 南疆。

采集加工 9～10月采收果实，除去肉质果皮，敲破果壳取出种子。

性味归经 味甘，性温。入肺、肝、肾经。

功能主治 破血祛淤，润燥滑肠，补虚强体，养护皮肤，防癌抗癌，补脑。

化学成分 脂肪油（亚油酸、油酸、亚麻酸的甘油酯）、蛋白质、碳水化合物、α-维生素E、γ-维生素E、维生素B_2。

药理作用 抗肿瘤、镇痛、抑菌、抗氧化、杀虫、降血糖、抗病毒、增强记忆力等。

用法用量 生嚼食，或熟食：煎汤、作丸等。

储　　藏 置于干燥通风处。

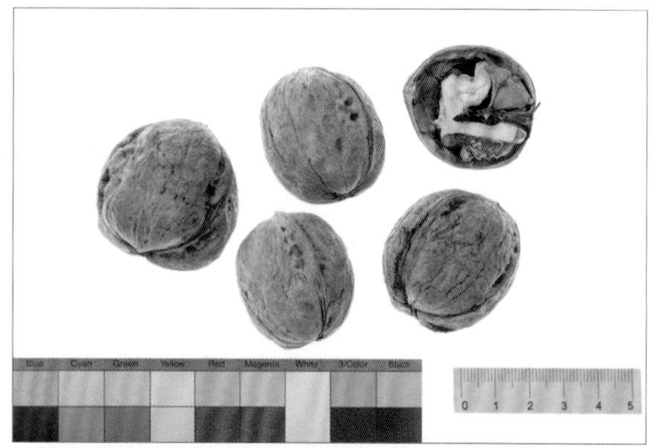

桑科 Moraceae

大麻（山丝苗、线麻、胡麻、野麻、火麻）
Cannabis sativa L.

药材名 火麻仁
药用部位 果实

生物学性状 一年生直立草本。枝密生灰白色贴伏毛。叶线形，掌状全裂，裂片披针形或线状披针形，微被糙毛，背面幼时密被灰白色贴状毛后变无毛，边缘具向内弯的粗锯齿，中脉及侧脉在表面微下陷，背面隆起；叶柄密被灰白色贴伏毛。雄花黄绿色，花被膜质，外面被细伏贴毛，花丝极短，花药长圆形；雌花绿色，花被紧包子房，略被小毛，子房近球形，外面包于苞片。瘦果为宿存黄褐色苞片所包，果皮坚脆，表面具细网纹。花期 5 ～ 6 月，果期 7 月。

生　　境 生于山地河谷、荒地。

分　　布 阿尔泰山和天山地区。

采集加工 秋季果实成熟时采收，晒干。

性味归经 味甘，性平。归脾、胃、大肠经。

功能主治 主治大便燥结。用于血虚津亏、肠燥便秘。

化学成分 黄酮、萜烯、生物碱、脂肪油等。

药理作用 致泻等。

用法用量 水煎服，9 ～ 15g。

储　　藏 置于干燥通风处。

无花果（文先果、奶浆果、树地瓜、映日果、明目果、密果）

Ficus carica L.

药材名	无花果
药用部位	果实

生物学性状　落叶灌木。小枝粗壮。托叶包被幼芽，托叶脱落后在枝上留有极为明显的环状托叶痕；单叶互生，厚膜质，宽卵形或近球形，掌状深裂，少有不裂，边缘有波状齿，上面粗糙，下面有短毛。花序托有短梗，单生于叶腋；雄花生于瘿花序托内面的上半部，雄蕊 3；雌花生于另一花序托内。聚花果梨形，熟时黑紫色。瘦果卵形，淡棕黄色。花期 4 ～ 5 月，果期 6 月中旬至 10 月。

生　　境　栽培。

分　　布　伊犁哈萨克自治州、南疆。

采集加工　夏秋季采收。

性味归经　味甘，性平。归肺、胃、大肠经。

功能主治　清热生津，健脾开胃，解毒消肿。主治咽喉肿痛、燥咳声嘶、乳汁稀少、肠热便秘、食欲不振、消化不良、泄泻痢疾、痈肿、癣疾。

化学成分　糖类、柠檬酸、苹果酸、乙酸、酶等。

药理作用　抗癌、利咽、降糖、健胃。

用法用量　煎汤，9 ～ 15g，大剂量可用至 30 ～ 60g；或生食鲜果 1 ～ 2 颗。外用适量，煎水洗，研末调敷。

储　　藏　置于干燥通风处。

桑（白桑）
Morus alba L.

药 材 名 桑（桑叶、桑葚、桑白皮）

药用部位 叶、果、根皮

生物学性状 落叶灌木或小乔木。枝条细长而直，皮以灰褐色为主。冬芽小。叶柄较长而细，边缘有粗锯齿，无毛。花单性，雌雄异株，穗状花序；雄花花被片 4，雄蕊 4，中央有不育蕊；雌花花被片 4，无花柱或极短，柱头 2 裂，宿存。聚花果（桑葚），黑紫色或白色。

生　　境 栽培。

分　　布 全疆。

采集加工 果实：4 ～ 6 月当桑葚呈红紫色时采收，晒干或略蒸后晒干。叶：初霜后采收，除去杂质，晒干。根皮：秋末至次年春发芽前采挖根部，刮去粗皮，剥取根皮，晒干。

性味归经 叶：味苦，性寒。果实：味甘、酸，性平。根皮：味苦，性平。

功能主治 叶：疏散风热，清肺，明目；主治风热感冒、风温初起、发热头痛、咳嗽胸痛、肺燥干咳无痰、咽干口渴、目赤肿痛。果实：补血滋阴，生津润燥；用于眩晕耳鸣、心悸失眠、津伤口渴、内热消渴、血虚便秘。根皮：泻肺平喘，利水消肿；用于肺热喘咳、水肿胀满、浮肿。

化学成分 叶：甾体、三萜类化合物、黄酮及其苷类、香豆精及其苷类、挥发油、氨基酸、小肽、生物碱、有机酸及其他化合物。果实：糖、鞣酸、苹果酸、维生素 B_1、维生素 B_2、维生素 C 和胡萝卜素。根皮：伞形花内酯、东莨菪素、黄酮成分、鞣质等。

药理作用 叶：抗菌、降血糖。根皮：利尿、降压、镇静。

用法用量 叶煎汤，4.5 ～ 9g；或入丸、散；外用适量，煎水洗或捣敷。果实生食，9 ～ 15g。根皮煎汤，9 ～ 15g；或入散剂；外用适量，捣汁涂或煎水洗。

储　　藏 置于干燥通风处。

荨麻科 Urticaceae

麻叶荨麻（钱麻、红活麻、蝎麻、大荨麻、焮麻、蝎子草、赤麻子、火麻、哈拉海）

Urtica cannabina L.

药材名	荨麻根
药用部位	根

生物学性状 多年生草本。根茎匍匐。茎被有短伏毛和稀疏的螫毛。叶交互对生，密布小颗粒状钟乳体，背面被短伏毛和螫毛。花单性，雌雄同株或异株，同株时，雄花序生在茎下部叶腋，花被片椭圆状卵形，外面有毛；雌花被片宽椭圆形，宿存，外面有短毛和 1 ～ 3 根螫毛。瘦果椭圆状卵形，两面凸起而稍扁，表面多少具褐色斑点。花期 7 ～ 8 月，果期 8 ～ 9 月。

生　　境 生于海拔 540 ～ 2580m 的河谷水边、林缘、河漫滩。

分　　布 全疆。

采集加工 夏秋季采收，晒干。

性味归经 味苦、辛，性温。归肝经。

功能主治 祛风，活血，止痛。治风湿疼痛、荨麻疹、湿疹、高血压。

化学成分 黄酮、木质素、有机酸等。

药理作用 降糖、镇痛、抗风湿。

用法用量 煎汤，15 ～ 30g。外用适量。

注　　意 割荨麻时，手顺着螫毛方向抓，可避免触螫。若触螫，用鲜灰菜挫擦或涂碳酸氢钠水可解。

储　　藏 置于干燥通风处。

蓼科 Polygonaceae

蔓首乌（烙铁头、荞麦葛、卷茎蓼、卷旋蓼）
Fallopia convolvulus (L.) A. Love

药材名	卷茎蓼
药用部位	全草

生物学性状 一年生草本。茎缠绕，有棱，分枝。叶卵形，基部心形或箭形，无毛或沿脉及叶缘粗糙；托叶鞘短，斜形，膜质，褐色或淡褐色，无毛或沿脉稍粗糙。花3～6朵簇生叶腋，在茎枝上部组成间断的总状花序；花被淡绿色，沿边缘和里面的白色，5深裂，裂片在果期稍增大，外面3片背部沿中脉具脊，稀稍有翅；花梗短于花被，在靠近花被处具关节。瘦果卵形，具3棱，黑色，表面具小点，无光泽，先端突出花被之外。花期7～9月，果期9月。

生　　境 生于海拔1100～2400m的山前丘陵至中山带的田边、灌丛、林下。

分　　布 阿勒泰地区、塔城地区、博尔塔拉蒙古自治州博乐市等。

采集加工 夏秋季采收，洗净，晒干。

性味归经 味辛，性温。

功能主治 健脾消食。主治消化不良、腹泻。

化学成分 根：香豆精。叶和花：槲皮素、山柰酚、金丝桃苷、槲皮苷、萹蓄苷、芦丁。叶和果实：2,6-二羟基苯甲酸、咖啡酸、绿原酸、对香豆酸。种子：亚油酸、氨基酸。

药理作用 以含5%和20%卷茎蓼种子的饲料，对Wistar大鼠进行为期38天的毒性试验，病理组织学检查发现有明显的肝损伤，伴有生化指标异常。

用法用量 煎汤，6～12g。

储　　藏 置于干燥处。

两栖蓼（小黄药、水荭、天蓼）
Polygonum amphibium L.

药 材 名 两栖蓼
药用部位 全草

生物学性状 多年生水陆两性草本，有根茎。生于水中者，茎横走，无毛，节部生根；叶有长柄，叶片长圆形，浮于水面，无毛，有光泽，先端钝或微尖，基部心形。陆生者茎直立，不分枝；叶柄短，托叶鞘筒状，叶片宽披针形，密生短硬毛，先端急尖，基部圆形。顶生或腋生穗状花序；苞片三角形；花淡红色或白色；花被 5 深裂；雄蕊 5；花柱 2，伸出花被外。瘦果近圆形，两面凸出，黑色，有光泽。花期 5 ～ 7 月，果期 7 ～ 9 月。

生　　境 生于海拔 300 ～ 1100m 的湖泊、河流浅水中及水边湿地。

分　　布 阿勒泰地区、伊犁哈萨克自治州、巴音郭楞蒙古自治州博湖县等。

采集加工 夏秋季采收全草，洗净，鲜用或晾干。

性味归经 味苦，性平。

功能主治 清热利湿，解毒。主治脚浮肿、痢疾、尿血、潮热、多汗、疔疮、无名肿毒。

化学成分 金丝桃苷、槲皮黄苷、木樨草素 -7-葡萄糖苷、槲皮素、山柰酚、芦丁、酒石酸、苹果酸、柠檬酸、咖啡酸、绿原酸及 13 种氨基酸。

用法用量 煎汤，9 ～ 15g。外用适量，鲜品捣敷。

储　　藏 置于干燥通风处。

萹蓄（扁蓄、大萹蓄、鸟蓼、扁竹、竹节草、猪牙草、道生草）
Polygonum aviculare L.

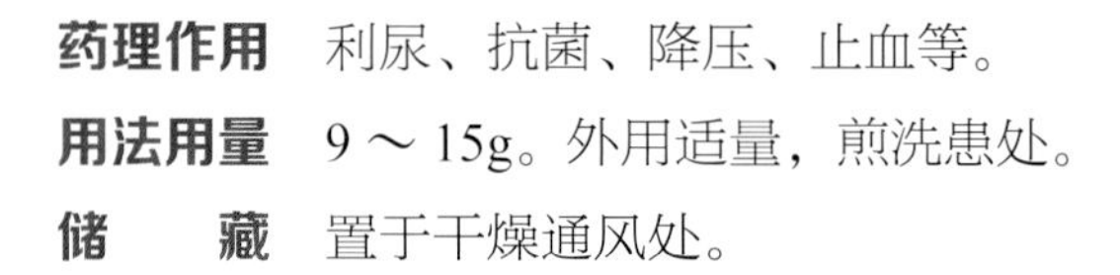

生物学性状　一年生或多年生草本，植物体有白色粉霜。茎平卧地上或斜上伸展，绿色，具明显沟纹，无毛。单叶互生，几无柄；托叶鞘抱茎，膜质；叶片窄长椭圆形或披针形，先端钝或急尖，基部楔形，两面均无毛，侧脉明显。花小，簇生于叶腋；花梗短，顶端有关节；花被绿色，裂片椭圆形，边缘白色或淡红色，结果后覆瓦状包被果实；花丝短。瘦果三角状卵形，棕黑色至黑色，具不明显细纹及小点，无光泽。花期 4 ～ 8 月，果期 6 ～ 9 月。

生　　境　生于山坡、田野、路旁等处。

分　　布　全疆。

采集加工　夏季采收后捆成把，晒干或鲜用。

性味归经　味苦，性微寒。归膀胱经。

功能主治　利尿通淋，杀虫，止痒。主治膀胱热淋、小便短赤、淋沥涩痛、皮肤湿疹、阴痒带下。

化学成分　黄酮类、苯丙素类化合物及多糖等。

药理作用　利尿、抗菌、降压、止血等。

用法用量　9 ～ 15g。外用适量，煎洗患处。

储　　藏　置于干燥通风处。

拳参（紫参、牡蒙、众戎、音腹、伏菟、重伤、童肠、马行、刀剪药、草河车、铜罗、虾参、地虾、山虾等）

Polygonum bistorta L.

药材名 拳参

药用部位 根茎

生物学性状 多年生草本。根状茎肥大，盘曲或球形，黑褐色。茎通常 2 ～ 3，无毛。叶片长圆状披针形或长圆形，两面无毛；托叶鞘筒状，褐色，无毛或被毛。总状花序呈穗状，圆柱形，顶生，花密集；苞片卵形，膜质，淡褐色，具暗褐色的中肋，每一苞片内含 4 朵花；花梗细，长于苞片，先端具关节；花白色或粉红色；花被 5 深裂，几达基部，裂片椭圆形。瘦果椭圆形，具 3 棱，栗褐色或黑色，有光泽，长于花被。花期 6 ～ 9 月，果期 9 月。

生　　境 生于海拔 1700 ～ 3100m 的林间草甸、亚高山和高山草甸、林下、林缘。

分　　布 阿勒泰地区、伊犁哈萨克自治州。

采集加工 春秋季挖取根茎，晒干或切片晒干，亦可鲜用。

性味归经 味苦，性微寒，小毒。归肺、肝、大肠经。

功能主治 清热利湿，凉血止血，解毒散结。主治肺热咳嗽、热病惊痫、赤痢、热泻、吐血、衄血、痔疮出血、痈肿疮毒。

化学成分 鞣质、淀粉、糖类、果胶、树胶、黏液质、树脂等。

药理作用 杀菌、抗肿瘤、止血。

用法用量 煎汤，3 ～ 12g；或入丸、散。外用适量，捣敷或煎水含漱、熏洗。

注　　意 无实火热毒者不宜。阴证外疡忌服。

储　　藏 置于干燥通风处。

红蓼（水红子、红草实、河蓼子、川蓼子、爆花子、水泻花、狗尾巴花、东方蓼、荭草、阔叶蓼、大红蓼、水红花、水红花子、荭蓼）

Polygonum orientale L.

药材名	水红花子（东方蓼、天蓼、狗尾巴花、狼尾巴花）
药用部位	果实

生物学性状 一年生草本。茎直立，中空，多分枝，密生长毛。叶互生；托叶鞘筒状，下部膜质，褐色，上部草质，被长毛，上部常展开成环状翅；叶片卵形或宽卵形，先端渐尖，基部近圆形，全缘，两面疏生软毛。总状花序由多数小花穗组成，顶生或腋生；苞片宽卵形；花淡红色或白色；花被 5 深裂，裂片椭圆形；雄蕊通常 7，长于花被；子房上位，花柱 2。瘦果近圆形，扁平，黑色，有光泽。花期 7 ～ 8 月，果期 8 ～ 10 月。

生　　境 生于路旁和水边湿地。

分　　布 全疆。

采集加工 秋季果实成熟时采收。

性味归经 味咸，性凉。入肝、脾经。

功能主治 活血消积，健脾利湿，清热解毒，明目。主治胁腹症积、水臌、胃脘痛、食少腹胀、火眼、疮肿、瘰疬。

化学成分 黄酮、醌类和甾体类成分等。

药理作用 抗肿瘤、抑菌、利尿。

用法用量 煎汤，3 ～ 10g；研末、熬膏或浸酒。外用适量，熬膏或捣烂外敷。

注　　意 脾胃虚寒者忌服。

储　　藏 置于干燥通风处。

西伯利亚蓼
Polygonum sibiricum Laxm.

药材名　西伯利亚蓼（剪刀股、野茶、驴耳朵、牛鼻子、鸭子嘴）

药用部位　根茎

生物学性状　多年生草本。茎直立或斜升，通常从基部分枝。叶稍肥厚，近肉质，长椭圆形或披针形，全缘，两面无毛；叶柄短；托叶鞘筒状，膜质，斜形，易破裂。圆锥花序，顶生，其中穗状的总状花序下部花簇间断，向上密集；苞片漏斗状，无毛，内含 5 ～ 6 朵花；花梗短，中部以上具关节；花被淡绿色、白色或粉红色，5 深裂，裂片宽椭圆形。瘦果卵形，具 3 钝棱，黑色，有光泽，藏于花被内。花期 6 ～ 9 月，果期 9 月。

生　　境　生于海拔 740 ～ 2600m 的沙地、沙质盐碱地。

分　　布　阿勒泰市、托里县、和静县等。

采集加工　秋季采挖，晾干。

性味归经　味淡，性寒。入肝、大肠经。

功能主治　利水渗湿，清热解毒。主治目赤肿痛、皮肤湿痒、水肿、腹水。

化学成分　呋喃甾烷醇糖苷、螺甾烷醇糖苷。

药理作用　抗痛风。

用法用量　研末 3g，水煎服。外用煎汤洗患处。

储　　藏　置于干燥阴凉处。

珠芽蓼（山谷子）

Polygonum viviparum L.

药材名	珠芽蓼（猴娃七、山高粱、蝎子七、剪刀七、染布子）
药用部位	根状茎

生物学性状 多年生草本。茎直立。叶片长椭圆形或卵状披针形，两面无毛或背面被短毛；托叶鞘筒状，棕色，膜质，无毛。总状花序下部生珠芽，珠芽为未脱离母株而能发芽的成熟瘦果，卵形；总状花序呈穗状，顶生，狭圆柱形，花在上部密集，中下部较稀疏；花淡红色或白色，稀红色；苞片卵形，膜质，淡褐色，先端急尖，内含 1 个珠芽或 1 ～ 2 朵花；花梗细，比苞片短或长；花被 5 深裂，裂片椭圆形。瘦果卵形，具 3 棱，深褐色，有光泽。花期 6 ～ 9 月，果期 9 月。

生　　境 生于海拔 1600 ～ 4630m 的高山和亚高山草甸及冻土带。

分　　布 阿勒泰地区、塔城地区、伊犁哈萨克自治州等。

采集加工 秋季采挖，洗净晒干备用。

性味归经 味苦、涩，性凉。

功能主治 清热解毒，散淤止血。主治扁桃体炎、咽喉炎、肠炎、痢疾、白带、崩漏、便血；外用治跌打损伤、痈疖肿毒、外伤出血。

化学成分 挥发油、黄酮类化合物、鞣质、多糖等。

药理作用 抗菌、抗病毒、抗自由基、抗氧化。

用法用量 水煎服，5 ～ 10g。外用适量，研粉敷患处。

储　　藏 置于干燥阴凉处。

酸模（野菠菜）
Rumex acetosa L.

生物学性状 多年生草本。基生叶和茎下部叶箭形，顶端急尖或圆钝，基部裂片急尖，全缘或微波状；茎上部叶较小，具短叶柄或无柄；托叶鞘膜质，易破裂。花序狭圆锥状，顶生，分枝稀疏；花单性，雌雄异株；花梗中部具关节；花被成2轮，雄花内花被片椭圆形，外花被片较小，雌花内花被片果时增大，近圆形，全缘，基部心形，网脉明显，基部具极小的小瘤，外花被片椭圆形，反折。瘦果椭圆形，两端尖，黑褐色，有光泽。花期5～7月，果期6～8月。

生　　境 生于海拔1050～2600m的高山草甸、亚高山草甸和森林带山坡，林缘，林间，山谷河滩及水边。

分　　布 阿勒泰地区、塔城地区、伊犁哈萨克自治州等。

采集加工 夏秋季采收，晒干。

性味归经 味酸、苦，性寒。

功能主治 凉血，解毒，通便，杀虫。主治内痔出血、痢疾、便秘；外用治疥癣、疔疮、神经性皮炎、湿疹。

化学成分 根：鞣质、大黄酚苷及金丝桃苷。果实：槲皮素和金丝桃苷。

药理作用 抗真菌等。

用法用量 15～25g。外用适量，捣汁或干根用醋磨汁涂患处。

储　　藏 置于干燥通风处。

藜科 Chenopodiaceae

菊叶香藜（菊叶刺藜、总状花藜）

Dysphania schraderiana (Roemer et Schultes) Mosyakin et Clemants

药材名	菊叶香藜
药用部位	全草

生物学性状 一年生草本，全株具腺体及腺毛，有强烈气味。茎直立，分枝。单叶互生，具柄；叶片矩圆形，羽状浅裂至深裂，先端钝，基部楔形，两面被短柔毛和棕黄色腺点。花单生于小枝腋内或末端，组成二歧聚伞花序，再集成塔形的大圆锥花序；花两性；花被 5，卵状披针形，被黄色腺点及刺状突起，边缘膜质；雄蕊 5，不外露。胞果扁球形。种子横生，扁球形，黑色或红褐色。花期 7 月，果期 9 月。

生 境 生于农田、渠边及路旁。

分 布 南疆。

采集加工 夏秋季采收，晒干备用。

性味归经 味微甘，性平。

功能主治 平喘解痉，止痛。治哮喘、支气管炎、偏头痛。

化学成分 萜类化合物。

药理作用 抑菌。

用法用量 水煎服，9 ～ 15g。

储 藏 置于干燥通风处。

马齿苋科 Portulacaceae

马齿苋（胖娃娃菜、猪肥菜、五行菜、酸菜、狮岳菜、猪母菜、蚂蚁菜、马蛇子菜等）

Portulaca oleracea L.

药材名	马齿苋（灿格日、宗新朵、不泽、马朱宁等）
药用部位	全草

生物学性状 一年生肉质草本，全株光滑无毛。茎圆柱形，平卧或斜向上，由基部分歧四散，向阳面常带淡褐红色或紫色。叶互生或对生；叶柄极短；叶片肥厚肉质，倒卵形或匙形，先端钝圆，有时微缺，基部阔楔形，全缘，上面深绿色，下面暗红色。花两性，较小，黄色，丛生枝顶叶腋；总苞片三角状卵形；萼片对生，卵形，基部与子房连合；花瓣倒心形，先端微凹；花药黄色；子房半下位，花柱顶端4～6裂，形成线状柱头。蒴果短圆锥形，棕色，盖裂。种子多数，黑褐色，表面具细点。花期5～9月，果期6～10月。

生　　境 生于田间、路旁、菜园。

分　　布 全疆。

采集加工 夏秋季采收，略蒸或烫后晒干。

性味归经 味酸，性寒。归大肠、肝经。

功能主治 清热解毒，散血消肿。治热痢脓血、热淋、血淋、带下、痈肿恶疮、丹毒、瘰疬。

化学成分 去甲肾上腺素、钾盐、多巴、多巴胺、甜菜素、异甜菜素、甜菜苷、异甜菜苷、草酸、苹果酸、柠檬酸、谷氨酸、天冬氨酸、丙氨酸、葡萄糖、果糖、蔗糖等。另高红梅等（2012）报道全草含生物碱、香豆精、黄酮、强心苷、不饱和脂肪酸。

药理作用 抗菌、促溃疡愈合等。

用法用量 煎汤，干品10～15g，鲜品30～60g；或绞汁。外用适量，捣敷；烧灰研末调敷；或煎水洗。

注　　意 孕妇忌食，脾胃虚寒的人也要少食。

储　　藏 置于干燥通风处。

石竹科 Caryophyllaceae

圆锥石头花（锥花丝石竹、圆锥花丝石竹、丝石竹、锥花霞草、满天星）

Gypsophila paniculata L.

药材名	圆锥石头花
药用部位	根

生物学性状 多年生草本。茎直立，基部光滑无毛或被腺毛。叶腋中具不育小叶枝。聚伞状宽圆锥花序顶生或腋生，花序分枝较多，花多，松散；苞片披针形，边缘宽膜质；花梗丝状；花萼宽钟形或近球形，先端分裂，达萼长之半，萼齿倒卵形，顶端钝圆，边缘膜质，具小齿；花瓣白色，长约为萼之2倍。蒴果广倒卵形或几为球形。种子密被疣状突起。花果期6～7月。

生　　境 生于海拔400～1500m的固定沙丘背风坡、沙地、河漫滩、河谷及盐渍化草甸、干山坡。

分　　布 阿勒泰地区、塔城地区等。

采集加工 秋季采收，洗净，鲜用或晒干。

性味归经 味甘，性微寒。

功能主治 清热凉血。主治阴虚潮热、久疟、小儿疳热。

化学成分 皂苷、荭草素、高荭草素。

用法用量 水煎，9～15g。

储　　藏 置于干燥通风处。

睡莲科 Nymphaeaceae

睡莲（子午莲、粉色睡莲、野生睡莲、矮睡莲、侏儒睡莲）
Nymphaea tetragona Georgi

药材名　睡莲
药用部位　根

生物学性状　多年生水生草本。根状茎短粗。叶纸质，心状卵形或卵状椭圆形，基部具深弯缺，约占叶片全长的 1/3，裂片急尖，稍开展或几重合，全缘，上面光亮，下面带红色或紫色，两面皆无毛，具小点。花梗细长；花萼基部四棱形，萼片革质，宽披针形或窄卵形，宿存；花瓣白色，宽披针形、长圆形或倒卵形，内轮不变成雄蕊；雄蕊比花瓣短，花药条形；柱头具 58 条辐射线。浆果球形，为宿存萼片包裹。种子椭圆形。花果期 6 ～ 8 月。

生　　境　生于苇湖中。

分　　布　额尔齐斯河河湾。

采集加工　秋季采挖根，洗净泥土，鲜用，也可切片，晒干备用。

性味归经　味甘，性寒。

功能主治　止咳除烦，凉血散淤。

化学成分　天冬酰胺等。

药理作用　抑菌。

用法用量　鲜用，30 ～ 100g；干品，30g。

储　　藏　置于干燥通风处。

毛茛科 Ranunculaceae

绢毛高翠雀花（小草乌、飞燕草）

Delphinium elatum var. **sericeum** W. T. Wang

药材名 绢毛高翠雀花

药用部位 全草

生物学性状 多年生草本。茎下部疏被短毛。叶片五角状肾形，3 深裂，中深裂片宽菱形，二回裂片有少数狭三角形小裂片，侧深裂片扇形，不等地 2 深裂，两面散生少数短柔毛；叶柄与叶片近等长，疏被短柔毛。总状花序有较密集的花；花梗向上斜展；苞片线形；小苞片有白色疏柔毛和黄色短腺毛；萼片蓝紫色，外面散生黄色短腺毛和白色短柔毛，距圆筒状钻形；花瓣黑色，无毛，顶端钝；退化雄蕊褐色，瓣片顶端 2 浅裂，腹面有淡黄色髯毛，基部渐狭成宽爪；心皮 3。花期 7 ～ 8 月。

生　　境 生于海拔 1800 ～ 2100m 阿尔泰山的湖边草地和阳坡灌丛。

分　　布 福海县、布尔津县。

采集加工 7 ～ 8 月采收，漂洗，切段，晒干。

性味归经 味苦，性寒。入肺经。

功能主治 泻肺平喘。治痰涎壅肺、咳嗽、气喘、胸胁胀满等。

化学成分 甲基牛扁亭碱。

用法用量 煎汤，6 ～ 12g。

储　　藏 置于干燥处。

腺毛黑种草（黑种草）

Nigella glandulifera Freyn et Sint.

药 材 名 黑种草子

药用部位 种子

生物学性状 多年生草本。茎有少数纵棱，被短腺毛和短柔毛。叶为二回羽状复叶；叶片卵形，羽片近对生，末回裂片线形或线状披针形，背面疏被短腺毛。花萼片白色或带蓝色，卵形，无毛；花瓣有短爪，上唇小，披针形，下唇2裂超过中部，裂片宽菱形，顶端近球状变粗，基部有蜜槽，边缘有少数柔毛；雄蕊无毛，花药椭圆形；子房合生到花柱基部，散生圆形小鳞状突起，花柱与子房等长。蒴果有圆鳞状突起，宿存花柱与果实近等长。种子三棱形，有横皱。

生　　境 栽培。

分　　布 南疆。

采集加工 采集成熟果实的种子。

性味归经 味苦，性温。归脾、胃、胆经。

功能主治 祛湿利胆，祛风止痛。治胆经湿热引起的黄疸、口苦、咽干、舌苔腻、舌尖红、风湿痹证、骨关节红肿、疼痛、肝炎、肝肿大。

化学成分 皂苷、生物碱、挥发油等。

药理作用 利尿、抗菌、降压、止血。

用法用量 煎汤，9 ～ 15g。

储　　藏 置于阴凉干燥处。

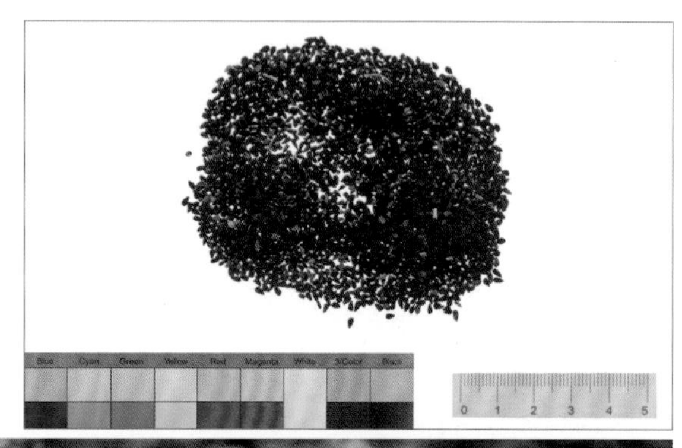

钟萼白头翁

Pulsatilla campanella Fisch. ex Regel et Tiling

药材名	白头翁（野丈人、胡王使者、白头公）
药用部位	根

生物学性状　多年生草本。根状茎粗。基生叶多数，有长柄，二至三回羽状复叶；叶片卵形或狭卵形，羽片斜卵形，羽状细裂，末回裂片狭披针形或狭卵形，顶端急尖，表面近无毛，背面疏被柔毛；叶柄有长柔毛。花葶 1 ～ 2，直立，有柔毛；花略下垂；苞片 3 深裂，深裂片狭披针形，背面有长柔毛；萼片紫褐色，椭圆状卵形或卵形，外面有绢状绒毛。瘦果纺锤形，有长柔毛；宿存花柱下部密被开展的长柔毛，上部有贴伏的短柔毛。花期 5 ～ 6 月。

生　　境　生于海拔 1800 ～ 3700m 的山地阳坡草地。

分　　布　青河县、奇台县、博乐市、昭苏县等。

采集加工　早春采挖。

性味归经　味苦，性寒。归胃、大肠经。

功能主治　清热解毒，凉血止痢，燥湿杀虫。主治赤白痢疾、鼻衄、崩漏、血痔、寒热温疟、带下、阴痒、湿疹、瘰疬、痈疮。

化学成分　白头翁苷、牡丹草苷、驴蹄草苷、威岩仙皂苷。

药理作用　抗阿米巴原虫、抗阴道滴虫、抗菌、抗病毒。

用法用量　煎汤，15 ～ 30g；或入丸、散。外用适量，煎水洗或捣敷。

储　　藏　置于干燥通风处。

高山唐松草
Thalictrum alpinum L.

药材名 高山唐松草（马尾黄连）

药用部位 根和根茎

生物学性状 多年生小草本，全株无毛。须根多数，簇生。叶基生，为二回羽状三出复叶；小叶薄革质，圆菱形、菱状宽倒卵形或倒卵形，基部圆形或宽楔形，3 浅裂，裂片全缘。花葶不分枝；花序总状；苞片小，狭卵形；花梗向下弯曲；萼片脱落，椭圆形；花药狭长圆形，顶端有短尖头，花丝丝形；柱头与子房等长，箭头状。瘦果无柄或有不明显的柄，狭椭圆形，稍扁，有 8 条粗纵肋。花果期 7～8 月。

生　　境 生于海拔 3000m 以上的高山和亚高山草甸。

分　　布 天山、昆仑山各地。

采集加工 夏秋季采挖，晒干。

性味归经 味苦，性温。归胃、肝、心经。

功能主治 清热泻火，解毒。主治头痛目赤、泄泻痢疾、疮疡。

化学成分 生物碱、皂苷、黄酮类化合物等。

药理作用 抗癌、抗菌。

用法用量 煎汤，3～10g。外用适量，研末调敷。

储　　藏 置于干燥通风处。

腺毛唐松草（贡布莪正）

Thalictrum foetidum L.

药材名	马尾黄连
药用部位	根和根茎

生物学性状 多年生草本，植株密被腺毛。根状茎短。茎中部叶有短柄，为三回近羽状复叶；小叶草质，顶生小叶菱状宽卵形或卵形，3浅裂，裂片沿脉网有腺毛和短柔毛；托叶膜质，褐色。圆锥花序花梗细，通常有短腺毛和短柔毛；萼片淡黄绿色，卵形，外面常有疏柔毛；花药顶端有短尖，花丝上部狭线形，下部丝形；子房常有疏柔毛，无柄，柱头三角状箭头形。瘦果半倒卵形，扁平，有短柔毛。花期6～7月，果期7～8月。

生　　境 生于海拔1700～3200m的山地阳坡草地及灌丛。

分　　布 天山各地。

采集加工 春秋季挖取。

性味归经 味苦，性寒。

功能主治 清热燥湿，解毒。主治湿热痢疾、黄疸、目赤肿痛、痈肿疮疖、风湿热痹。

化学成分 小檗碱等。

药理作用 抗癌、抗菌等。

用法用量 煎汤，3～10g。外用适量，研末调敷。

注　　意 脾胃虚寒者慎服。

贮　　藏 置于干燥通风处。

箭头唐松草
Thalictrum simplex L.

药材名 箭头唐松草（水黄连、黄脚鸡）

药用部位 全草

生物学性状 多年生草本，植株无毛。茎生叶向上近直展，为二回羽状复叶，小叶圆菱形，菱状宽卵形或倒卵形；茎上部叶渐变小，小叶倒卵形或楔状倒卵形，裂片顶端急尖；茎下部叶有稍长柄，上部叶无柄。圆锥花序分枝与轴成45°；花药狭长圆形，顶端有短尖头，花丝丝形；心皮无柄，柱头宽三角形。瘦果狭椭圆球形或狭卵球形，有8条纵肋。花期7～8月，果期8月。

生　　境 生于海拔1400～2400m的山地河谷、灌丛及林缘。

分　　布 天山、阿尔泰山。

采集加工 夏末秋初采收。

性味归经 味苦，性寒，无毒。

功能主治 清湿热，解毒。治黄疸、痢疾、哮喘、麻疹合并肺炎、鼻疳眉赤、热疮。

化学成分 生物碱、唐松草酸。

药理作用 镇静。

用法用量 煎汤，3～9g。外用研末调涂。

储　　藏 置于干燥通风处。

罂粟科 Papaveraceae

长距元胡（长花延胡索）

Corydalis schanginii (Pall.) B. Fedtsch.

药材名	新疆元胡
药用部位	根茎

生物学性状 多年生草本。地下有块根，球形。茎单一，直立。茎生叶蓝绿色，柄短，二回三出复叶，第一回羽片具长柄，以中间小叶为最长，小叶再裂，裂片椭圆形到披针形，全缘。总状花序疏松；苞片全缘，长圆状菱形；花柄短于苞叶，仅在果时稍长；萼片小，不显著；花冠大，红紫色，距上翘，向末端渐细，急尖，向上弯曲。蒴果线状披针形，展开。花期 4 ～ 5 月。

生　　境 生于海拔 800m 荒漠地带的石质山坡。

分　　布 阿勒泰地区、塔城地区、博尔塔拉蒙古自治州博乐市、乌鲁木齐市等。

采集加工 5 ～ 6 月，茎叶枯萎时采挖。挖取后搓去外面浮皮，放入沸水中烫煮，不断翻搅，至内部呈黄色时，捞出晒干。

性味归经 味苦，性温。归肺、肝、脾、心经。

功能主治 行气止痛。治胃脘痛、妇女经行腹痛、气滞血淤。

化学成分 延胡索甲素、延胡索乙素、海罂粟碱、原阿片碱、黄连碱、掌叶防己碱、药根碱等。

用法用量 煎汤，6 ～ 9g；或研末冲服。

储　　藏 置于干燥处。

野罂粟（冰岛罂粟、山罂粟、冰岛虞美人、山大烟、山米壳、野大烟、岩罂粟）

Papaver nudicaule L.

药材名	野罂粟（山大烟、山罂粟、毛罂粟、野大烟）
药用部位	果实、果壳或带花的全草

生物学性状 多年生草本。叶完全基生，二回羽状裂，两面被稀疏的糙毛；叶柄扁平，上中部被毛同叶片，近基部变宽，仅具缘毛，近革质，宿存。花葶被糙毛，淡黄褐色，糙毛于近花蕾处特密；花蕾长圆形，被黑褐色糙毛，毛端常黄色；萼片边缘白色膜质；花冠大，黄色或橘黄色；雄蕊花丝细，黄色，花药矩形；柱头辐射枝 8 条，柱头面黑色。蒴果长圆形，基部稍细，遍布较短的刺状糙毛。种子小。花果期 8 月。

生　　境 生于海拔 1800 ～ 3400m 的森林带到高山草甸。

分　　布 阿勒泰地区、塔城地区、博尔塔拉蒙古自治州博乐市等。

采集加工 夏秋季采收，除去须根、泥土，晒干。

性味归经 味酸、微苦、涩，性凉，有毒。入肺、肾、胃、大肠经。

功能主治 敛肺止咳，涩肠止泻，镇痛。主治久咳喘息、泻痢、便血、脱肛、遗精、带下、头痛、胃痛、痛经。

化学成分 全草：黑水罂粟菲酮碱、黑水罂粟螺酚碱、二氢黑水罂粟菲酮碱、黄连碱、黑水罂粟菲酚碱。果壳：隐掌叶防己碱。花：野罂粟素。

用法用量 煎汤，3 ～ 6g。

储　　藏 置于干燥通风处。

十字花科 Cruciferae

播娘蒿（腺毛播娘蒿）

Descurainia sophia (L.) Webb. ex Prantl.

药材名 南葶苈（丁历、大适、大室）

药用部位 种子

生物学性状 一年生或二年生草本，全株呈灰白色。茎直立，密被短柔毛。叶二至三回羽状全裂或深裂，两面被分枝短柔毛。总状花序顶生，具多数花；萼片条状长圆形，边缘膜质，背面有分枝细柔毛；花瓣黄色，匙形；雄蕊基部有爪；柱头呈扁压的头状。长角果果瓣中脉明显。种子淡红褐色，表面有细网纹，潮湿后有黏胶物质。花果期 4 ～ 7 月。

生　　境 生于海拔 500 ～ 1500m 的农田及低海拔的草甸、林缘。

分　　布 阿勒泰地区、塔城地区、博尔塔拉蒙古自治州、伊犁哈萨克自治州、乌鲁木齐市、巴音郭楞蒙古自治州等。

采集加工 夏季果实成熟时割取全草，打下种子，筛净杂质。

性味归经 味苦、辛，性寒。归肺经。

功能主治 泻肺，行水，除痰，定喘。主治痰涎壅肺之喘咳痰多、肺痈、水肿、胸腹积水、小便不利、慢性肺源性心脏病、心力衰竭之喘肿、瘰疬结核。

化学成分 硫苷、脂肪油及强心苷类物质。

药理作用 强心、利尿。

用法用量 煎汤，3 ～ 9g；或入丸、散。外用适量，煎水洗或研末调敷。利水消肿宜生用，治痰饮喘咳宜炒用，肺虚痰阴喘咳宜蜜炙用。

注　　意 肺虚喘咳、脾虚肿满者忌服。

储　　藏 置于干燥处，防潮，防黏结，防发霉。

欧洲菘蓝（板蓝根、大青叶、菘蓝）
Isatis tinctoria L.

生物学性状 二年生草本，植株光滑无毛，带白粉霜。茎直立，绿色，顶部多分枝。茎生叶莲座状，长圆形至宽倒披针形，顶端钝或尖，基部渐狭，全缘或稍具波状齿，具柄；基生叶蓝绿色，长椭圆形或长圆状披针形，基部叶耳不明显或为圆形。萼片宽卵形或宽披针形；花瓣黄白色，宽楔形，顶端近平截，具短爪。短角果近长圆形，扁平，无毛，边缘有翅；果梗细长，微下垂。种子长圆形，淡褐色。花期 4 ～ 5 月，果期 5 ～ 6 月。

生　　境 栽培。

分　　布 阿勒泰市、哈巴河县、玛纳斯县等。

采集加工 秋季采挖，晾晒。

性味归经 味苦，性寒。归肝、胃经。

功能主治 清热解毒，凉血消斑。治温病发热、发斑、风热感冒、咽喉肿痛、丹毒、流行性乙型脑炎、肝炎、腮腺炎等。

化学成分 靛玉红、靛苷、黑芥子苷、白芥子苷、精氨酸、脯氨酸、γ- 氨基丁酸、β- 谷甾醇和腺苷等。

药理作用 抗病原微生物、抗内毒素、解热、抗炎。

用法用量 煎汤，15 ～ 30g，大剂量可用 60 ～ 120g；或入丸、散。

储　　藏 置于干燥通风处，防虫，防蛀。

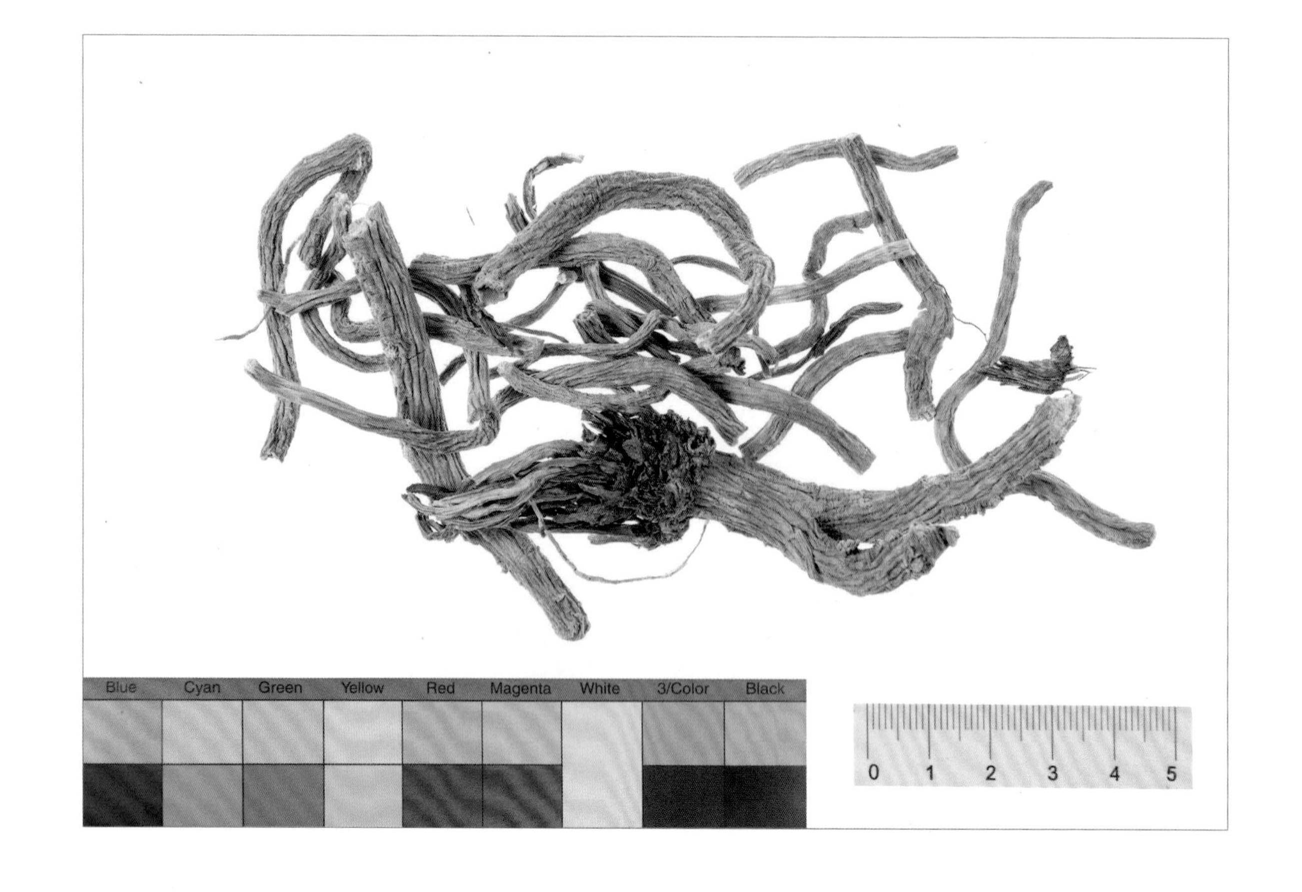

独行菜（腺茎独行菜、辣辣菜、拉拉罐、拉拉罐子、昌古、辣辣根、羊拉拉、小辣辣、羊辣罐、辣麻麻）

Lepidium apetalum Willd.

药材名 北葶苈子

药用部位 种子

生物学性状 一年生或二年生草本。茎被多数微小的头状毛。叶互生；茎下部叶狭长椭圆形，边缘浅裂或深裂；茎上部叶线形，较小，全缘或前端有疏锯齿；叶基部均有耳，上面疏生微小短毛，下面无毛。长总状花序，顶生；花小；萼4，椭圆形；花瓣通常很小，呈退化状；雄蕊蜜腺4，短小，三角状广椭圆形；子房扁圆形，柱头头状。短角果，卵状椭圆形，扁平，顶端微凹，果柄细，密生头状毛。种子倒卵状椭圆形，淡红棕色。花期5～6月，果期6～7月。

生　　境 生于海拔400～2000m的山地、平原的山坡、山沟及村落附近。

分　　布 全疆。

采集加工 夏季果实成熟时采收，晒干。

性味归经 味辛、苦，性大寒。归肺、膀胱经。

功能主治 泻肺平喘，行水消肿。用于痰涎壅肺、喘咳痰多、胸胁胀满、小便不利。

化学成分 脂肪油、芥子苷、蛋白质、糖类。

药理作用 强心、平喘、利尿。

用法用量 包煎，3～9g。

注　　意 虚喘咳及脾虚肿满者忌用。

储　　藏 置于干燥通风处。

蔷薇科 Rosaceae

扁桃（八担杏、巴旦杏、软壳甜扁桃、甜味扁桃、苦味扁桃）
Amygdalus communis L.

药材名	巴旦仁（甜巴旦）
药用部位	种子

生物学性状 中型乔木或灌木。叶片披针形或椭圆状披针形，幼嫩时微被疏柔毛，老时无毛，叶边具浅钝锯齿，在叶片基部及叶柄上常具2～4腺体。花单生；萼筒圆筒形，外面无毛；萼片宽长圆形至宽披针形，边缘具柔毛；花瓣长圆形，白色至粉红色；雄蕊长短不齐；子房密被绒毛状毛。果实斜卵形或长圆卵形，外面密被短柔毛；核壳硬，背缝较直，腹缝较弯，具多少尖锐的龙骨状突起，表面多少光滑，具蜂窝状孔穴。种仁味甜或苦。花期3～4月，果期7～8月。

生　　境 栽培。

分　　布 南疆。

采集加工 秋季果实成熟后采收，取核晒干。

性味归经 一级湿热。

功能主治 生湿生热，润肺止咳，强身健脑，润肠软便，热身壮阳，填精固精。主治干性肺虚咳嗽、身体虚弱、记忆力减退、便秘、精液稀少、早泄遗精。

化学成分 黄酮、三萜类化合物、糖、挥发油等。

药理作用 抗癌。

用法用量 7～15g。

储　　藏 置于干燥通风处。

地蔷薇（追风蒿）

Chamaerhodos erecta (L.) Bge.

药材名 地蔷薇（直立地蔷薇、茵陈狼牙）

药用部位 全草

生物学性状 二年生或一年生草本。根木质。茎直立或呈弧形上升，密被腺毛和柔毛。基生叶密集，呈莲座状，叶二回羽状深裂，裂片窄条形，疏生伏柔毛。二歧聚伞圆锥花序；萼筒倒圆锥形或钟形；萼片卵状及针形，密被柔毛及腺毛；花瓣粉红色或白色，倒卵状匙形，基部有爪；子房卵形或长圆形，花柱丝状。瘦果近球形，褐色，先端具尖头。花期 6 ～ 8 月。

生　　境 生于海拔 1400 ～ 2200m 的石质山坡、干旱草原及河滩地。

分　　布 青河县、福海县、布尔津县、阜康市、昌吉市等。

采集加工 夏秋季采收，晒干备用。

性味归经 味苦、微辛，性温。

功能主治 祛风湿。

化学成分 儿茶素、三萜类化合物、黄酮等。

药理作用 抗肿瘤、保肝、抗炎抑菌、抗腹泻等。

用法用量 适量，煎水洗患处。

注　　意 通风。

储　　藏 置于干燥通风处。

榅桲（木梨）
Cydonia oblonga Mill.

药材名 榅桲（比也）
药用部位 干燥果实

生物学性状 灌木或小乔木。嫩枝密被灰黄色绒毛，二年生枝毛脱落，紫褐色。单叶互生，叶片卵形或长圆形，上面灰绿色，下面密被柔毛；托叶卵形，早落。花单生枝端；萼筒钟状，外面密被绒毛；萼片卵形或宽披针形，边缘有腺齿，反折，比萼筒长，内外两面均被绒毛；花瓣倒卵形，白色；雄蕊短于花瓣；花柱离生，基部密被长绒毛。果实梨形，密被黄色绒毛，有香味；萼片宿存，反折；果梗短粗，被绒毛。花期 4 ～ 5 月，果期 10 月。

生　　境 引种栽培。

分　　布 喀什地区喀什市、莎车县，和田地区。

采集加工 秋季果实成熟时采摘，切成厚片晒干。

性味归经 性温、平或一级热，二级干。

功能主治 补脑益心，祛湿利尿，健脾胃。用于头晕心慌、小便不利、食欲不振、肝炎、胃肠道疾患。

化学成分 果实：糖、鞣质、原果胶、有机酸和挥发油。果皮：庚基乙基醚、壬基乙基醚。种子：黏液质、苦杏仁苷、脂肪油。叶含生物碱、苷类、鞣质、黏液质、维生素、氰苷等。

药理作用 降压等。

用法用量 10 ～ 15g。

储　　藏 置于干燥通风处。

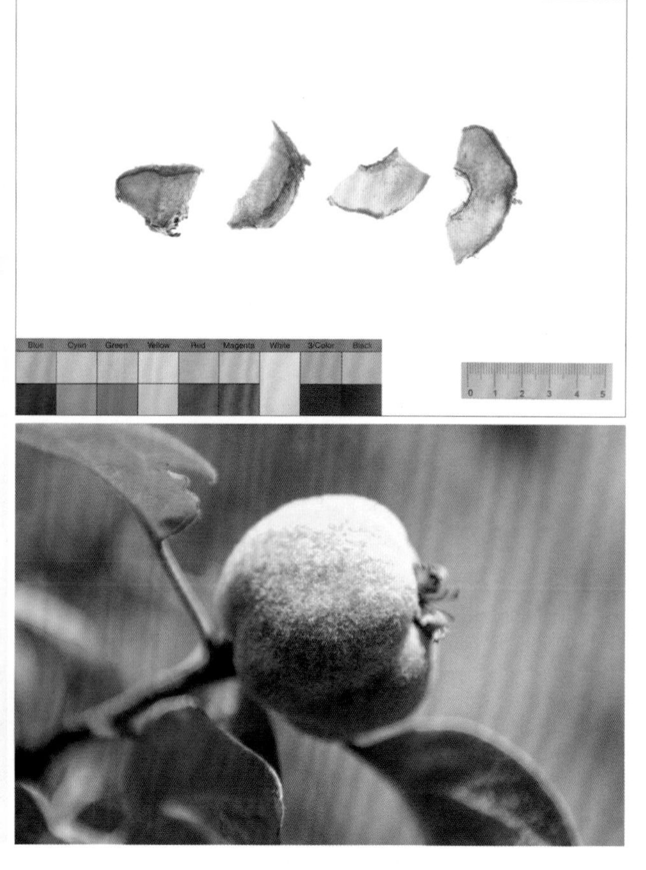

蕨麻（鹅绒委陵菜、莲花菜、蕨麻委陵菜、延寿草、人参果、无毛蕨麻、灰叶蕨麻）

Potentilla anserina L.

药材名	鹅绒委陵菜（粘委陵菜、粘萎陵菜）
药用部位	全草

生物学性状 多年生草本。茎被柔毛和腺毛。小叶长圆披针形或倒披针形，上面被疏柔毛或脱落无毛，下面密被短柔毛和腺毛，沿脉疏生长柔毛；基生叶托叶膜质，茎生叶托叶草质，均被柔毛。伞房状聚伞花序，紧密；萼片三角状披针形，副萼片长圆状披针形，外面密被柔毛和腺毛，果期增大；花瓣黄色，宽倒卵形，顶端微凹，与萼片近等长；花柱近顶生，圆锥形，基部增粗，柱头不扩大。瘦果近肾形或卵球形，表面光滑或有脉纹。花期 6 ～ 8 月。

生　　境 生于海拔 800 ～ 2600m 的山坡草地、溪旁、林缘。

分　　布 阿勒泰市、温泉县、昭苏县等。

采集加工 秋季采收，鲜用或晒干。

性味归经 味甘、微苦，性平。

功能主治 根：健脾益胃、益气补血。全草：解痉收敛、止血。

化学成分 委陵菜苷、还原糖、戊聚糖、淀粉、蛋白质、鞣质、有机酸、脂肪酸。

药理作用 抗缺氧、抗氧化、保肝、增强免疫力等。

用法用量 5 ～ 15g，水煎服。

储　　藏 置于干燥通风处。

二裂委陵菜（痔疮草、叉叶委陵菜）
Potentilla bifurca L.

药材名 鸡冠草（地红花、二裂翻白草）

药用部位 全草

生物学性状 多年生草本。根圆柱形，纤细，木质。茎直立或铺散，密被长柔毛或微硬毛。奇数羽状复叶，有小叶 3 ～ 6 对，全缘或先端 2 裂，两面被疏柔毛或背面有较密的伏贴毛；下部叶托叶膜质，褐色，被毛，上部茎生叶托叶草质，绿色，卵状椭圆形，常全缘，稀有齿。聚伞花序，顶生，疏散；萼片卵圆形，顶端急尖，副萼片卵圆形，顶端急尖或钝，比萼片短或近等长，外面被疏毛；花瓣黄色，倒卵形，顶端圆钝，比萼片稍长；心皮沿腹部有稀疏柔毛；花柱侧生，棒状，基部较细，顶端缢缩，柱头扩大。瘦果表面光滑。花期 5 ～ 7 月。

生　　境 生于海拔 800 ～ 3100m 的干旱草原、碎石山坡、河滩地、平原荒地。

分　　布 阿勒泰地区布尔津县、哈巴河县，乌鲁木齐市，塔城地区和布克赛尔蒙古自治县，伊犁哈萨克自治州巩留县，巴音郭楞蒙古自治州巴里坤县、和硕县、和静县，喀什地区乌恰县、塔什库尔干县等。

采集加工 夏秋季采病态枝叶，扎成把晒干。

性味归经 味甘、微苦，性微寒。归肝、大肠经。

功能主治 凉血，止血，解毒。主治崩漏、产后出血、痔疮。

用法用量 煎汤，15 ～ 30g。外用适量，鲜叶捣敷。

储　　藏 置于阴凉干燥处。

金露梅（棍儿茶、药王茶、金蜡梅、金老梅、格桑花）
Potentilla fruticosa L.

药材名	金露梅
药用部位	花、叶

生物学性状 灌木。奇数羽状复叶，叶柄被绢毛成疏柔毛；小叶片疏被绢毛或柔毛或几无毛，沿脉较密。花单生叶腋，或数朵呈顶生的聚伞花序；花梗被长柔毛和绢毛；花较大；萼片卵圆形，顶端短渐尖，副萼片披针形或倒卵状披针形，顶端渐尖，有时 2 裂，与萼片近等长，外面疏被绢毛；花瓣黄色，宽倒卵形，顶端圆形，比萼片长；花柱近基生，棒状，基部稍细，柱头扩大。瘦果近卵形，棕褐色，被长柔毛。花期 6 ～ 7 月，果期 8 月。

生　　境 生于海拔 1000 ～ 2800m 的山坡草地及灌丛。

分　　布 阿勒泰市、塔城市、精河县等。

采集加工 夏季花期采摘花序、叶，分别阴干备用。蒙药：夏秋季采收带花茎枝，阴干，生用或煅灰用。

性味归经 味甘，性平。

功能主治 健脾化湿，清暑，益脑清心，健胃消食，调经。

化学成分 酚类、酸类、黄酮类、甾醇类化合物。

药理作用 抗心肌缺血、缺氧等。

用法用量 6 ～ 10g，水煎服，或泡水代茶饮。

储　　藏 置于干燥处。

疏花蔷薇（蔬花墙薇）
Rosa laxa Retz.

药材名 疏花蔷薇
药用部位 果实、花、根、叶

生物学性状 灌木。老枝上刺坚硬，呈镰刀状弯曲，淡黄色。小叶椭圆形、卵圆形或长圆形，边缘有单锯齿，两面无毛或下面稍有绒毛；叶柄有散生皮刺、腺毛或短柔毛；托叶具耳，边缘有腺齿。伞房花序，有花 3～6 朵，少单生，白色或淡粉红色；苞片卵形，有柔毛和腺毛；花梗常有腺毛和细刺；花托卵圆形或长圆形，常光滑，有时有腺毛；萼片披针形，全缘，被疏柔毛和腺毛。果卵球形或长圆形，红色；萼片宿存。花期 5～6 月，果期 7～8 月。

生　　境 生于山坡灌丛、林缘及干河沟旁。

分　　布 布尔津县、奇台县、和布克赛尔蒙古自治县、塔城市等。

采集加工 秋季果实成熟时采集。

性味归经 果：味酸，性平。根：味甘，性平。

功能主治 健脾胃，助消化，肺虚喘咳，崩漏带下。叶主治解毒消肿；根可活血化淤、祛风除湿、解毒收敛、杀虫；果实主治神经衰弱、高血压、神经性头痛、脾虚泄泻、慢性肾炎。

化学成分 维生素、果胶、蔗糖、鞣质、挥发油等。

药理作用 保肝、抗氧化。

用法用量 花：5～15g。果或根：50～100g。

储　　藏 置于干燥处。

玫瑰（滨茄子、滨梨、海棠花、刺玫）
Rosa rugosa Thunb.

药 材 名 玫瑰花（克孜力古丽）
药用部位 干燥花蕾

生物学性状 灌木。小枝密被绒毛并密生皮刺和刺毛。小叶 5 ～ 9，小叶片上面无毛，下面灰绿色，密被绒毛和腺毛；叶柄被绒毛和疏生的小刺；托叶大部分贴生于叶柄，离生部分卵形，边缘具腺齿，下面被毛。花单生叶腋，或 3 ～ 6 朵簇生；苞片卵形，苞片及花梗均被绒毛和腺毛；萼片卵状披针形，先端常有羽状裂；花瓣倒卵形，重瓣，紫红色或白色；花柱离生，被毛，稍伸出萼筒口外。果实扁球形，砖红色，平滑；萼片宿存。花期 5 ～ 6 月。

生　　境 庭园栽培。

分　　布 全疆。

采集加工 春末夏初采收。

性味归经 味甘微苦，性温。归肝、脾经。

功能主治 行气解郁，和血，止痛。主治脾胃气痛、食少呕恶、月经不调。

化学成分 挥发油、鞣质、没食子酸、色素等。

药理作用 抗病毒、抗衰老。

用法用量 1.5 ～ 6g。

储　　藏 密闭，置于阴凉干燥处。

石生悬钩子（天山悬钩子）

Rubus saxatilis L.

药材名 石生悬钩子（地豆豆、莓子、悬钩木）

药用部位 全草、果实

生物学性状 多年生草本。花枝直立，被刺毛及柔毛。三出复叶，小叶片卵状菱形或长圆状菱形，边缘有粗重锯齿，两面被柔毛，沿脉较密；顶生小叶叶柄被柔毛和刺毛，侧生小叶片近无柄；托叶离生，全缘。顶生伞房花序；花梗被柔毛、刺毛或混生腺毛；花托碟形；萼片卵状披针形，外面被短柔毛或混生腺毛；花瓣白色，匙形或长圆形，直立；雄蕊多数；雌蕊离生。聚合果近球形，红色；小核果较大，核面具孔穴。花期6～7月，果期8～9月。

生　　境 生于海拔1200～2200m的山间溪旁、林下或山坡灌丛。

分　　布 阿勒泰市、布尔津县、阜康市、昌吉市、新源县等。

采集加工 夏秋季采收全草，晒干，切段备用；秋季采收成熟果实，晒干备用。蒙药夏秋季采割，除去嫩枝及叶，剥去外皮，阴干。

性味归经 全草：味苦、微酸，性平。果实：味甘、酸，性温。

功能主治 全草：补肝健胃，祛风止痛；治急性肝炎、食欲不振、风湿性关节炎。果实：补肾固精；治遗精。

化学成分 萜类、黄酮类、甾类化合物。

药理作用 抗菌、保肝、抗氧化、抗肿瘤、消炎。

用法用量 水煎服，6～9g。

储　　藏 置于阴凉干燥处。

豆科 Leguminosae

骆驼刺
Alhagi sparsifolia Shap.

药 材 名 刺糖（洋塔克西克日、太然吉温）

药用部位 茎枝的糖质分泌物

生物学性状 半灌木。茎无毛或幼茎具短柔毛。叶互生，卵形、倒卵形或倒圆卵形，先端圆形，具短硬尖，基部楔形，全缘，无毛，具短柄。总状花序腋生，花序轴变成坚硬的锐刺，无毛；当年生枝条的刺上具花 3 ～ 6（～ 8）朵，老茎的刺上无花；苞片钻状；花萼钟状，被短柔毛，萼齿三角状或钻状三角形；花冠深紫红色，旗瓣倒长卵形，先端钝圆或截平，基部楔形，具短瓣柄，翼瓣长圆形；子房线形，无毛。荚果线形，常弯曲，几无毛。

生　　境 生于荒漠地区的沙地、河岸、农田边及低湿地。

分　　布 全疆。

采集加工 夏秋季采集。

性味归经 一级湿热。

功能主治 清除异常胆液质，润肠通便，退热止渴，化痰止咳，填精壮阳，肥体强身。用于内热便秘、咳嗽顽痰、精液稀少、阳事不举、形瘦体弱。

化学成分 黄酮、异黄酮、苷及甾体类成分。

药理作用 抗氧化、清除自由基等。

用法用量 24 ～ 50g。

储　　藏 置于干燥通风处，防尘，防潮。

昆仑锦鸡儿
Caragana polourensis Franch.

药材名 昆仑锦鸡儿
药用部位 花

生物学性状 小灌木。嫩枝密被短柔毛。假掌状复叶有 4 片小叶；托叶宿存；叶柄硬化成针刺；小叶倒卵形，先端锐尖或圆钝，有时凹入，有刺尖，基部楔形，两面被伏贴短柔毛。花梗单生，被柔毛，关节在中上部；花萼管状，萼齿三角形，基部密被柔毛；花冠黄色，旗瓣近圆形或倒卵形，有时有橙色斑，翼瓣长圆形，瓣柄短于瓣片，耳短，稍圆钝，龙骨瓣的瓣柄较瓣片短，耳短；子房无毛。荚果圆筒状，先端短渐尖。花期 4 ～ 5 月，果期 6 ～ 7 月。

生　　境 生于海拔 1300 ～ 3200m 的低山盐渍化荒漠带及亚高山坡地。

分　　布 天山南坡、昆仑山北坡。

采集加工 花期采收。

性味归经 味甘、微苦，性寒。入肝、脾、肾经。

功能主治 祛风除湿，健脾化积，补益肝肾。用于风湿痹痛、腰膝酸痛、食积停滞、小儿疳积、肝肾不足之月经不调、白带、虚损等。

化学成分 挥发油及黄酮类、苯丙素类化合物。

药理作用 抗肿瘤、抗癌、抗病毒。

用法用量 煎汤，12 ～ 18g。

储　　藏 置于干燥通风处。

鹰嘴豆（回鹘豆、桃豆、鸡豆、准噶尔鹰嘴豆）
Cicer arietinum L.

药材名	鹰嘴豆
药用部位	果实

生物学性状　一年生或多年生攀缘草本。茎直立，被白色腺毛。叶对生或互生，狭椭圆形，边缘具密锯齿，两面被白色腺毛。花于叶腋单生或双生；花冠白色或淡蓝色、紫红色，有腺毛；萼浅钟状，裂片披针形，被白色腺毛。荚果卵圆形，膨胀，下垂，被白色短柔毛和腺毛。种子被白色短柔毛，黑色或褐色，具皱纹，一端具细尖。花期6～7月，果期8～9月。

生　　境　引种栽培。

分　　布　全疆。

采集加工　秋季果实成熟时，割取地上部分，晒干，打下种子。

性味归经　一级干热。

功能主治　生干生热，补肾壮阳，利尿止痛，祛风止痒，去垢生辉，生发乌发。用于湿寒性或黏液质性疾病、身弱阳痿、尿闭尿痛、淋病不愈、皮肤瘙痒、毛发脱落。

化学成分　三萜类、异黄酮类、黄烷醇类、脂肪酸类化合物及矿物元素等。

药理作用　降血脂、降糖、降胆固醇。

用法用量　10～30g。

注　　意　不易消化，并易引起气淤不畅。

储　　藏　置于干燥通风处。

红花山竹子（红花岩黄芪）

Corethrodendron multijugum (Maxim.) B. H. Choi et H. Ohashi

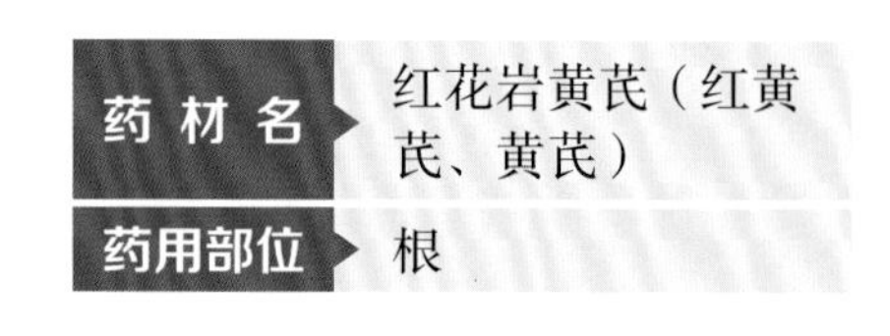

生物学性状 半灌木或草本状。茎密被灰白色短柔毛。托叶外被短柔毛；叶轴被灰白色短柔毛；小叶具短柄；小叶片下面被贴伏短柔毛。总状花序腋生，被短柔毛；花平展，疏散排列，果期下垂；苞片钻状；萼斜钟状，萼齿钻状或锐尖；花冠紫红色或玫瑰状红色，旗瓣倒阔卵形，翼瓣线形；子房线形，被短柔毛。荚果通常 2 ～ 3 节，节荚椭圆形或半圆形，被短柔毛，两侧稍凸起，具细网纹，网结通常具不多的刺，边缘具较多的刺。花期 6 ～ 8 月，果期 8 ～ 9 月。

生　　境 生于砾石质洪积扇、砾石质山坡、砾石河滩和河谷。

分　　布 喀什地区、和田地区等。

采集加工 秋末挖取根，除去根头部及支根，晒干打把。

性味归经 味甘，性温。归心、肺、脾、肾经。

功能主治 补气固表，利尿，生肌敛疮。主治气短心悸、倦怠、乏力、自汗、盗汗、久泻、脱肛、子宫脱垂、体虚浮肿等。

化学成分 黄酮类化合物、碳三十醇、木蜡酸、对香豆酸二十二酯、咖啡酸二十四醇、豆甾醇。

药理作用 抗炎、免疫、抗衰老、抗氧化。

用法用量 煎汤，6 ～ 15g，大剂量用至 30g。补虚宜炙用；止汗、利尿、托疮生肌宜生用。

储　　藏 置于干燥通风处。

苦豆子

Sophora alopecuroides L.

药材名 苦豆子［布亚（维名）］

药用部位 全草、种子

生物学性状 草本，或基部木质化成亚灌木状。枝被白色或淡灰白色长柔毛或贴伏柔毛。羽状复叶；小叶对生或近互生，上面被疏柔毛，下面毛被较密。总状花序顶生；花萼斜钟状；花冠白色或淡黄色，旗瓣形状多变，翼瓣常单侧生，具三角形耳，皱褶明显，龙骨瓣与翼瓣相似，具1三角形耳，下垂；花丝连合部分疏被极短毛；子房密被白色近贴伏柔毛，柱头圆点状，被稀少柔毛。荚果串珠状。种子卵球形，褐色或黄褐色。

生　　境 生于干旱沙漠和草原边缘地带。

分　　布 全疆。

采集加工 全草夏季采收，种子秋季采收。

性味归经 味苦，性寒，有毒。归胃、大肠经。

功能主治 清热燥湿，止痛，杀虫。

化学成分 蛋白质、糖类、有机酸、黄酮类化合物、色素和生物碱。

药理作用 杀虫、杀菌等。

用法用量 全草煎汤服，1.5～3g。种子炒用，研末服，每次5粒。

注　　意 有毒，内服用量不宜过大。

储　　藏 置于干燥通风处。

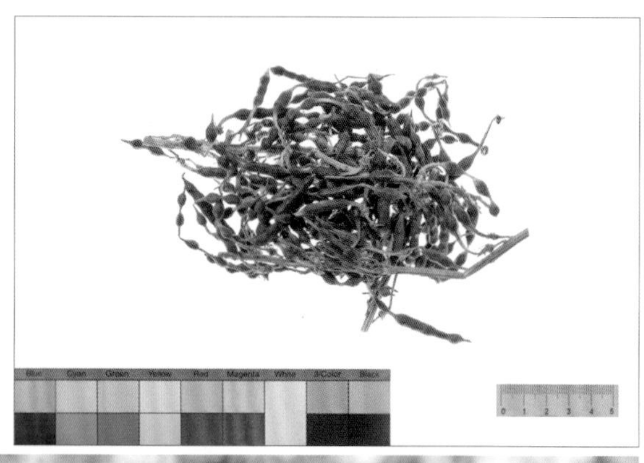

野火球（野火荻、红五叶、白花野火球）

Trifolium lupinaster L.

药材名	野火球（野车轴草、豆参、也火球、野火萩）
药用部位	全草

生物学性状　多年生草本。茎直立，被柔毛。掌状复叶；托叶膜质；小叶披针形至线状长圆形，中脉被柔毛，两面均隆起。头状花序着生顶端和上部叶腋；总花梗被柔毛；花萼钟形，被长柔毛；花冠淡红色至紫红色，旗瓣椭圆形，翼瓣长圆形，下方有 1 钩状耳，龙骨瓣长圆形，先端具小尖喙，基部具长瓣柄；子房狭椭圆形，具柄，花柱丝状，上部弯成钩状。荚果长圆形，膜质，棕灰色。种子阔卵形，橄榄绿色，平滑。花果期 6 ～ 10 月。

生　　境　生于海拔 1400 ～ 2400m 的山地河谷、灌丛及林缘。

分　　布　天山、阿尔泰山。

采集加工　秋季割取全草，晒干。

性味归经　味甘、涩，性寒。归肺、心、肝经。

功能主治　镇静安神，止咳止血。治心神不宁、心悸怔忡、失眠症、多梦、惊痫、癫狂、出血症、咳嗽。

化学成分　黄酮类化合物。

药理作用　镇静、催眠。

用法用量　煎汤，6 ～ 12g。外用捣敷。

储　　藏　置于阴凉干燥处。

牻牛儿苗科 Geraniaceae

白花老鹳草
Geranium albiflorum Ledeb.

药材名	白花老鹳草（泰国安息香、滇桂野茉莉、白背安息香、白花树）
药用部位	全草

生物学性状　多年生草本。茎下部无毛，上部被柔毛或倒生短伏毛。叶片肾圆形或近圆形，叶两面均被伏贴毛；基生叶具长柄；托叶黄褐色，具缘毛。聚伞花序顶生；花梗细，密被短柔毛；小苞片，披针形；萼片狭卵状披针形，常绿色，略带紫色，具窄淡紫色膜质边缘，顶端具短芒，背面沿脉具疏短毛或几无毛；花瓣白色，宽倒卵形，顶部具 1 深缺刻。花果期 6 ～ 9 月。

生　　境　生于海拔 1000 ～ 2000m 的山地、山地草原。

分　　布　阿勒泰地区阿勒泰市、乌鲁木齐市、伊犁哈萨克自治州霍城县等。

采集加工　夏秋季果实近成熟时采集，晒干。

性味归经　味苦、辛，性平。

功能主治　消炎止血，止痢，祛风活络。主治跌打损伤、风湿痹痛、麻木拘挛、筋骨酸痛。

化学成分　鞣质、没食子酸、琥珀酸、槲皮素及苷类。

药理作用　抗炎、抑制免疫、镇痛、抗癌、抗氧化。

用法用量　3 ～ 6g。

储　　藏　置于干燥通风处。

草地老鹳草（草甸老观草、草甸老鹳草、红根草）
Geranium pratense L.

药材名	老鹳草
药用部位	全草

生物学性状 多年生草本。茎直立，下部被倒生伏毛及腺毛，上部混生密的长腺毛。叶对生，肾状圆形，两面均被短伏毛，而下面沿脉较密；托叶狭披针形，淡棕色。花序生于小枝顶端，通常生 2 花；花梗果期弯曲或倾斜，花序轴及花梗均被短柔毛和腺毛；萼片狭卵形，顶端具短芒，绿色，略带紫色，密被短毛和腺毛；花瓣蓝紫色，宽倒卵形；花丝黄色，基部扩大部分具毛。蒴果具短柔毛和腺毛。

生　　境 生于海拔 1400 ～ 3100m 的山地草原、灌丛及林缘。

分　　布 塔城地区、伊犁哈萨克自治州、哈密市等。

采集加工 夏秋季果实近成熟时采集，晒干。

性味归经 味苦、辛，性平。

功能主治 收涩，涩肠止泻。治菌痢。

化学成分 鞣质。

用法用量 3 ～ 6g。

储　　藏 置于干燥通风处。

鼠掌老鹳草（西伯利亚老鹳草）

Geranium sibiricum L.

药材名	老鹳草（五叶草、老官草、五瓣花、老贯草、天罡草）
药用部位	带果实的全草

生物学性状 多年生草本。茎细长，被倒生毛。叶对生，肾状五角形，掌状 5 深裂，裂片狭倒卵形，中上部羽状浅裂或具齿状深缺刻，叶两面被疏白色伏贴毛；叶柄密被倒生伏毛。花单生叶腋，具长柄，密被倒生伏贴毛，果期向侧方弯曲；萼片矩圆状披针形，沿脉被白色向上伏贴毛，顶端具芒，边缘膜质；花瓣淡红色或近白色；花丝基部扩大部分具缘毛；花柱合生部分极短。蒴果具短柔毛。花果期 6 ～ 9 月。

生　　境 生于海拔 100 ～ 1500m 的河边、农田边、林下。

分　　布 阿勒泰地区、塔城地区等。

采集加工 夏秋季果实近成熟时采集，晒干。

性味归经 味苦、辛，性平。

功能主治 主治风湿、跌打损伤、神经痛等。

化学成分 鞣质、没食子酸、琥珀酸、槲皮素及苷类。

药理作用 抗炎、抑制免疫、镇痛、抗癌、抗氧化。

用法用量 3 ～ 6g。

储　　藏 置于干燥通风处。

大戟科 Euphorbiaceae

地锦草（千根草、小虫儿卧单、血见愁草、草血竭、小红筋草、奶汁草、红丝草）

Euphorbia humifusa Willd.

药材名	地锦草（奶浆草、铺地锦、铺地红、血见愁、卧蛋草、雀儿卧蛋、小虫儿卧蛋）
药用部位	全草

生物学性状 一年生草本。茎二歧分枝，无毛。叶对生，椭圆形，两面无毛，有短柄；托叶钻形，沿缘具齿或羽状分裂。杯状花序单生于叶腋；总苞陀螺状，4浅裂，裂片三角形，具齿；腺体长圆形或椭圆形，具白色花瓣状的附属物；花柱先端2深裂。蒴果三棱状球形，分裂果瓣背面钝龙骨状突起，无毛。种子卵形，褐色，有白粉，无种阜。花果期6～9月。

生　　境 生于山间谷地、砾石山坡、荒地、路旁沙地等。

分　　布 全疆。

采集加工 夏秋季采收，除去杂质，晒干。

性味归经 味辛，性平。归肝、大肠经。

功能主治 清热解毒，消肿，利尿，凉血止血。主治肠炎、痢疾、咯血、尿血、便血等。

化学成分 全草：黄酮类化合物（槲皮素等）、没食子酸、内消旋肌醇。叶：鞣质。

药理作用 抗病原微生物、解毒、止血等。

用法用量 干品9～20g；鲜品30～60g。外用适量。

储　　藏 置于干燥通风处。

凤仙花科 Balsaminaceae

凤仙花（指甲花、急性子、凤仙透骨草）
Impatiens balsamina L.

药材名 凤仙花（金凤花、灯盏花、好女儿花、指甲花、海莲花、指甲桃花、金童花）

药用部位 花

生物学性状 一年生草本。叶互生；叶柄两侧有数个腺体；叶片披针形，先端长渐尖，基部渐狭，边缘有锐锯齿。花梗短，单生或数枚簇生叶腋，密生短柔毛；花大，通常粉红色或杂色，单瓣或重瓣；萼片宽卵形，有疏短柔毛；旗瓣圆，先端凹，有小尖头，背面中肋有龙骨突；翼瓣宽大，有短柄，基部裂片近圆形，上部裂片宽斧形；唇瓣舟形，被疏短柔毛，基部突然延长成细而内弯的距；花药钝。蒴果纺锤形，熟时一触即裂，密生茸毛。种子多数，球形，黑色。

生　　境 庭园栽培。

分　　布 全疆。

采集加工 夏秋季开花时采收，鲜用或阴干、烘干。

性味归经 味甘，性微温。

功能主治 祛风除湿，活血止痛，解毒杀虫。主治风湿肢体痿废、腰胁疼痛、妇女闭腹痛、产后淤血未尽、跌打损伤、骨折、痈疽疮毒等。

化学成分 矢车菊素、飞燕草素、蹄纹天竺素、锦葵花素、山柰酚、槲皮素及萘醌成分。

药理作用 抑菌等。

用法用量 煎汤，1.5 ～ 3g，鲜品可用至 3 ～ 9g；或研末；或浸酒。外用适量，鲜品研烂涂抹，或煎水洗。

储　　藏 置于干燥通风处。

鼠李科 Rhamnaceae

枣（老鼠屎、贯枣、枣子树、红枣树、大枣、枣子、枣树、扎手树、红卵树）

Ziziphus jujuba Mill.

药材名	枣（红枣、大枣）
药用部位	果实

生物学性状 落叶小乔木或灌木。树皮褐色或灰褐色。小枝具粗直长刺和下弯短刺。叶纸质，卵形至卵状披针形，边缘具圆齿状锯齿，基生三出脉；托叶刺细，后期常脱落。花黄绿色，两性，5 基数，单生或 2 ～ 8 个集成腋生聚伞花序；萼片卵状三角形；花瓣倒卵圆形，基部有爪；花盘厚，肉质，圆形，5 裂；子房下部藏于花盘内，与花盘合生，花柱 2 半裂。核果矩圆形或长卵圆形，成熟时红色，后变红紫色，中果皮肉质，厚，味甜。花期 5 ～ 7 月，果期 8 ～ 9 月。

生　　境 生于低山河谷。

分　　布 南疆广为栽培。

采集加工 秋季采摘，晒干。

性味归经 性温，味甘。归脾、胃经。

功能主治 益气补血，健脾和胃，祛风。

化学成分 三萜类化合物、环磷酸腺苷、黄酮类化合物、蛋白质、脂肪、糖类、有机酸、维生素 A、维生素 C、多种微量元素、氨基酸等丰富的营养成分。

药理作用 抗癌、抗过敏、镇静、降血压。

用法用量 生吃、煮水、泡酒等。

注　　意 湿热内盛者、小儿疳积和寄生虫病儿童、齿病疼痛者、痰湿偏盛者及腹部胀满者、舌苔厚腻者忌食。

储　　藏 置于干燥通风处，防潮。

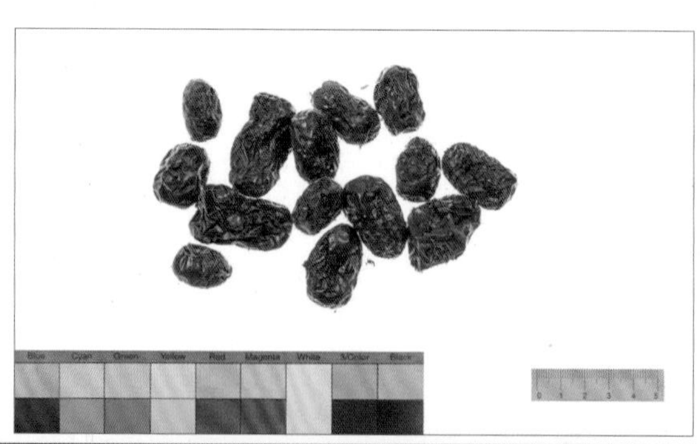

柽柳科 Tamaricaceae

长穗柽柳
Tamarix elongata Ledeb.

药材名	西河柳（山川柳、三春柳、西湖柳、赤柽柳）
药用部位	嫩枝、叶

生物学性状　大灌木。生长枝上的叶披针形或线形，基部宽心形，1/3 抱茎，具耳；营养小枝的叶披针形，半抱茎，微下延具耳。总状花序侧生在去年生枝上，单生，粗壮；苞片线状披针形，淡绿色或膜质；萼片边缘膜质，稍具齿牙；花瓣椭圆形，淡红色或淡玫瑰色；花盘4裂；花丝基部变宽，着生于花盘裂片顶端，花药粉红色；子房圆锥形。蒴果卵状披针形；果皮枯草质，淡红色或橙黄色。4～5月开花，秋季二次开花。

生　　境　生于荒漠区河谷阶地、沙丘、冲积平原。

分　　布　全疆。

采集加工　5～6月剪嫩枝叶，阴干。

性味归经　味甘、辛，性平。归心、肺、胃经。

功能主治　解热透疹，祛风湿，利尿。

化学成分　树脂、槲皮素-甲醚、鞣质、水杨苷。

用法用量　3～6g。外用适量，煎汤擦洗。

储　　藏　置于干燥通风处。

短穗柽柳
Tamarix laxa Willd.

药材名	西河柳（怪柳、赤怪柳、山川柳、三春柳、西湖柳、红筋柳）
药用部位	枝叶

生物学性状 灌木。叶卵状披针形，先端具尖头，1/3 抱茎，基部下延，叶缘膜质。总状花序早春侧生于二年生枝上，短而粗，花稀疏；花梗长于苞片；苞片半透明，匙形或矩圆形；萼片卵形，渐尖，边缘膜质；花瓣 4，粉色、紫红色，呈长圆状椭圆形，花时充分开展，并向外反折，花后脱落；花盘 4 裂，肉质，暗紫红色；雄蕊与花瓣等长或略长，花丝基部变宽，生花盘裂片顶端，花药红紫色，有小突尖；花柱短。蒴果圆锥形。花期 3 月下旬至 4 月。

生　　境 生于荒漠河流阶地、湖盆和沙丘边缘、强盐渍化土壤或盐土上。

分　　布 全疆。

采集加工 5 ～ 6 月剪嫩枝叶，阴干。

性味归经 味甘、辛，性平。归心、肺、胃经。

功能主治 散风，解表，透疹。用于麻疹不透、风湿痹痛。

化学成分 树脂、鞣质、水杨苷。

用法用量 3 ～ 6g。外用适量，煎汤擦洗。

储　　藏 置于干燥处。

堇菜科 Violaceae

西藏堇菜（藏东堇菜）
Viola kunawarensis Royle Illustr.

药材名	天山堇菜
药用部位	全草

生物学性状 多年生草本。主根圆柱状或倒长圆锥形，黄白色，具少数须根。叶基生，匙形，全缘或有圆齿；托叶披针形，膜质，白色，边缘有流苏状腺毛。花单生于花梗顶端；苞片位于药梗中部，线状披针形；萼片下部有带状附属物；花瓣两侧对称，中间 1 瓣较大，有距，白色，具淡紫色条纹；子房上位，花柱略弯。花期 6 ～ 7 月。

生　　境 生于海拔 3000m 以上的山坡草地、高山和亚高山草甸及水沟边。

分　　布 天山各地。

采集加工 春秋季采收，鲜用或晒干。

性味归经 味微苦、辛，性凉。

功能主治 祛风清热，解毒消肿。主治感冒发热、疔疮痈肿、淋巴结肿大。

化学成分 黄酮、山柰酚、槲皮素等。

药理作用 抗氧化、抑菌。

用法用量 煎汤，9 ～ 15g；或泡茶。

储　　藏 置于干燥通风处。

胡颓子科 Elaeagnaceae

沙棘

Hippophae rhamnoides L.

药 材 名 沙棘（醋柳、酸刺）

药用部位 果实

生物学性状 落叶灌木或乔木，棘刺较多。嫩枝褐绿色，密被银白色而带褐色鳞片或有时具白色星状柔毛；芽大，金黄色或锈色。单叶通常近对生，纸质，狭披针形或矩圆状披针形，两端钝形或基部近圆形，基部最宽，上面绿色，初被白色盾形毛或星状柔毛，下面银白色或淡白色，被鳞片，无星状毛；叶柄极短。果实圆球形，橙黄色或橘红色。种子小，阔椭圆形至卵形，有时稍扁，黑色或紫黑色，具光泽。花期 4 ～ 5 月，果期 9 ～ 10 月。

生　　境 生于海拔 800 ～ 3600m 的阳坡、沙漠地区河谷阶地、平坦沙地和砾石质山坡。

分　　布 阿勒泰地区、塔城地区等。

采集加工 果实成熟或冻硬时采收，除去杂质，干燥或蒸后干燥。

性味归经 味酸、涩，性温。

功能主治 止咳祛痰，消食化滞，活血散淤。用于咳嗽痰多、消化不良、食积腹痛、跌扑淤肿、淤血经闭。

化学成分 抗坏血酸、去氢抗坏血酸、异鼠李素、胡萝卜素、生物碱、挥发油。

药理作用 降低胆固醇、缓解心绞痛发作等。

用法用量 煎汤，3 ～ 9g；或入丸、散。外用适量，捣敷或研末撒。

储　　藏 置于干燥通风处，防霉，防蛀。

石榴科 Punicaceae

石榴（若榴木、丹若、山力叶、安石榴、花石榴）

Punica granatum L.

药材名	石榴子（阿娜尔吾茹克）、石榴花（阿娜尔古丽）、石榴皮（阿娜尔破斯提）
药用部位	种子、花、果皮

生物学性状 落叶乔木或灌木。单叶，通常对生或簇生；无托叶。花顶生或近顶生，单生或几朵簇生或组成聚伞花序，近钟形，裂片5～9；花瓣5～9，多皱褶，覆瓦状排列；胚珠多数。浆果球形，顶端有宿存花萼裂片；果皮厚。种子多数。果熟期9～10月。

生　　境 栽培。

分　　布 南疆。

采集加工 种子、果皮：秋季果实成熟后采收。花：花后期采收。

性味归经 种子、花：二级干寒。果皮：味酸、涩，性温。归大肠经。

功能主治 种子：洗涤异物，润肤养颜，益心养血；主治心悸血少、脉络不通、胸闷咳嗽、咽喉不利、形体消瘦。花：收敛止血，清热消炎，除腐固牙，止泻止痢；主治湿热型或血液质性疾病、湿热性牙龈出血、牙龈红肿、牙龈溃疡、牙齿松动、腹泻痢疾。果皮：驱虫，涩精，止带；主治虫积腹痛、滑精、白带、脱肛、疥癣。

化学成分 果皮：鞣质、脂肪、甘露醇、黏液质、没食子酸、苹果酸、果胶、草酸钙、树胶、菊糖、非结晶糖。果皮、茎皮、树皮：生物碱、鞣质。

药理作用 驱虫、抗菌、抗病毒。

用法用量 种子：6～9g。花：3～5g。果皮：3～9g。

储　　藏 置于干燥通风处。

柳叶菜科 Onagraceae

沼生柳叶菜（水湿柳叶菜、沼泽柳叶菜、独木牛）
Epilobium palustre L.

药材名	沼生柳叶菜
药用部位	全草

生物学性状 多年生草本。茎直立。茎下部叶对生，上部叶互生，卵状披针形至条形，上面有弯曲短毛，下面仅沿中脉有分布，全缘，边缘常反卷，无柄。花单生于茎顶或腋生，淡紫红色；花萼4裂，裂片披针形，外被短柔毛；花瓣4，倒卵形，顶端2裂；雄蕊4长4短；子房下位。蒴果圆柱形，被曲柔毛。种子倒披针形，暗棕色，顶端有1簇白色种缨。花期7～8月，果期8～9月。

生　　境 生于前山带至山地河岸、低湿地。

分　　布 阿勒泰地区、塔城地区。

采集加工 秋季采收，洗净，鲜用或晒干。

性味归经 味淡，性平。

功能主治 清热，疏风，镇咳，止泻。主治风热咳嗽、声嘶、咽喉肿痛、支气管炎、高热下泻。

用法用量 15～30g。

储　　藏 置于干燥通风处。

杉叶藻科 Hippuridaceae

杉叶藻（螺旋杉叶藻、分枝杉叶藻）
Hippuris vulgaris L.

药材名	杉叶藻［当布噶日（藏名）］
药用部位	全草

生物学性状　多年生水生草本，全株光滑无毛。根茎匍匐，生于泥中。茎圆柱形，直立，不分枝，有节。叶轮生，条形，全缘，茎下部叶较短小。花小，两性，稀单性，无梗，单生叶腋；花萼与子房大部分合生；无花瓣；雄蕊 1，生于子房上，略偏一侧，花药椭圆形；子房下位，椭圆形，花柱丝状，稍长于花丝。核果矩圆形，光滑无毛，棕褐色。花果期 6 ～ 7 月。

生　　境　生于水池、沼泽、苇湖及河湾浅水中。

分　　布　全疆。

采集加工　6 ～ 9 月采收。

性味归经　味苦、微甘，性凉。入肝、肾、胃经。

功能主治　清热，舒肝利肺。主治肺痨咳嗽、痨热骨热、肝痛、心痛。

化学成分　鞣质、无色花青苷、没食子酸、咖啡酸、阿魏酸、山柰酚。

用法用量　煎汤，6 ～ 12g。外用研末撒。

储　　藏　置于干燥处。

伞形科 Umbelliferae

金黄柴胡
Bupleurum aureum Fisch.

药材名	金黄柴胡
药用部位	根

生物学性状 多年生草本。根状茎匍匐。茎有细棱槽。叶背面有粉绿色白霜；茎下部叶片广卵形或近圆形；茎中部以上叶为茎贯穿。复伞形花序生于茎顶端，不等长；总苞片卵形或近圆形，不等大；小总苞片广卵形或椭圆形，等大，质薄，金黄色；花黄色，小舌片大，长方形；花柱扁盘形，果时外弯。果实长圆形至椭圆形，果棱显著突起；每个棱槽内油管3，合生面油管4。花期7～8月，果期8～9月。

生　　境 生于海拔1000～2500m的山坡林缘、灌丛中。

分　　布 阿勒泰地区、塔城地区。

采集加工 春秋季采收。挖取根，去除茎叶及泥沙，晒干。

性味归经 味苦，性微寒。归肝、胆经。

功能主治 和解退热，疏肝解郁，升提中气。治感冒发热、胸满肋痛、耳聋、头痛目眩、疟疾、下痢脱肛、月经不调、子宫下垂。

化学成分 芦丁、核糖醇、廿九酮、廿六醇、α-菠菜甾醇、黄酮醇类化合物、皂苷、生物碱、抗坏血酸、胡萝卜素等。

药理作用 解热、镇痛、镇静、抗炎、抗变态反应、保肝等。

用法用量 5～10g。

储　　藏 置于干燥处。

密花柴胡
Bupleurum densiflorum Rupr.

药材名	柴胡
药用部位	根

生物学性状 多年生草本。基生叶较多，狭披针形或线形；茎生叶披针形。伞形花序顶生；总苞片不等大，披针形或卵形，基部常扩大成耳状抱茎；小总苞片卵形至阔卵形或圆状倒卵形，革质，顶端圆或钝，有小突尖头，背面略带浅蓝色白霜；花瓣外面棕黄色，中脉隆起呈紫色，小舌片顶端 2 裂，黄色；花柱基暗紫色。果长圆形，暗棕色，有略锐的狭翼状棱；油管较粗大，每棱槽内油管 2，合生面油管 2。花期 7 ～ 8 月，果期 8 ～ 9 月。

生　　境 生于海拔 2100 ～ 2800m 的高山草甸和森林带向阳的砾石质和石质山坡。

分　　布 阿勒泰地区阿勒泰市、乌鲁木齐市、塔城地区沙湾市、哈密市、巴音郭楞蒙古自治州和静县等。

采集加工 春秋季采挖根，晒干。

性味归经 味苦、辛，性微寒。归心、肝、三焦经。

功能主治 疏散退热，舒肝解郁，升举阳气。用于外感发热、肝郁胁肋胀痛、头痛、月经不调、痛经等。

化学成分 三萜、皂苷类化合物。

药理作用 抗炎、保肝、抗菌、抗病毒、抗肿瘤、抗氧化等。

用法用量 煎汤，3 ～ 9g，或入丸、散。

储　　藏 置于干燥通风处。

葛缕子
Carum carvi L.

药材名	葛缕子（贡蒿）
药用部位	果实

生物学性状　二年生或多年生草本。茎有细棱槽，中空，分枝。基生叶和茎下部叶有长柄，柄的基部扩展成鞘，鞘的边缘白色或淡红色膜质，叶片长圆状披针形，无柄，末回裂片线形；茎中部和上部叶与基生叶同形。复伞形花序顶生和腋生，通常无总苞片；小伞形花序无小总苞片；花杂性；萼齿不明显；花瓣白色或带淡红色；花柱细长。果实长卵形，成熟后黄褐色；果棱钝，突起，每棱槽内油管 1，合生面油管 2。花期 6 ～ 7 月，果期 7 ～ 8 月。

生　　境　生于海拔 1200 ～ 3520m 的草甸、林缘、路旁。

分　　布　阿勒泰地区、塔城地区、喀什地区等。

采集加工　秋季采收。

性味归经　味甘、辛，性温。

功能主治　清热解毒，消肿利湿，健脾开胃。主治中毒症、眼病、食积不化。

化学成分　挥发油。

药理作用　镇咳、平喘、抗菌等。

用法用量　6 ～ 9g。

储　　藏　置于干燥通风处。

茴香（小茴香、怀香、西小茴、茴香菜、川谷香、北茴香、松梢菜）

Foeniculum vulgare Mill.

药材名	小茴香（谷茴香、谷茴、蘹香）
药用部位	干燥成熟果实

生物学性状 一年生草本，全株光滑无毛，有粉霜，具强烈的香气。根细，圆柱形。茎直立，有细棱槽，从中上部分枝，枝多。叶片宽三角形，羽状全裂，末回裂片线形；叶柄至茎下部叶较长，中部有短柄，上部仅有披针形的叶鞘。复伞形花序生于茎枝顶端，伞幅不等长，开展，无总苞片；小伞形花序有花20～30朵；花梗细，不等长；花黄色；无萼齿；花瓣倒卵形。花期7～8月，果期8～9月。

生　　境 普遍栽培。

分　　布 全疆。

采集加工 秋季果实初熟时采收。

性味归经 味辛，性温。归肝、肾、脾、胃经。

功能主治 散寒止痛，理气和胃。

化学成分 脂肪油、挥发油、甾醇、糖苷、生物碱等。

药理作用 抗炎镇痛、抗菌、增加胃肠蠕动等。

用法用量 3～6g。

储　　藏 置于干燥通风处。

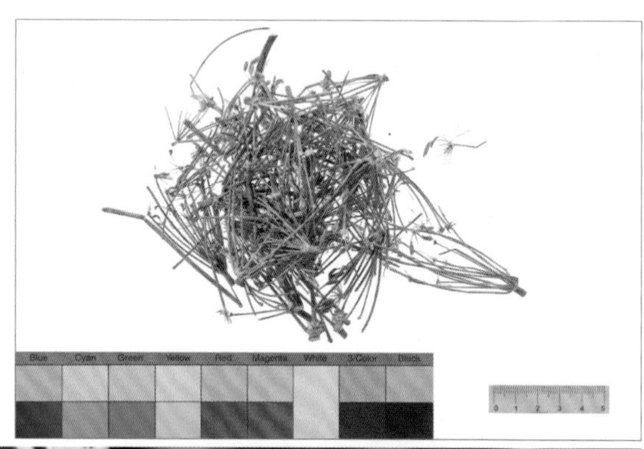

白花丹科 Plumbaginaceae

黄花补血草（金色补血草、黄花矶松、金匙叶草、金佛花、石花子、干活草、黄果子白、黄花刨蝇架、黄花矶松）

Limonium aureum (L.) Hill.

药材名	黄花补血草（黄花矶松、金匙叶草）
药用部位	花

生物学性状 多年生草本。根茎常被残存的叶柄和红褐色牙鳞。叶两面被钙质颗粒。花序圆锥状或伞房状，花序轴密被疣状突起；穗状花序位于上部分枝顶端；外苞宽卵形，有窄膜质边缘，第一内苞具宽膜质边缘；花萼漏斗状，金黄色或橙黄色，5 裂，裂片近正三角形，沿脉常疏被微柔毛，萼筒倒圆锥形，全部沿脉和脉间密被长毛；花冠橙黄色；雄蕊着生于花瓣基部，花药矩圆形。蒴果倒卵形或矩圆形，藏于宿存的花萼内。花期 7 ～ 9 月，果期 8 ～ 9 月。

生　　境 生于中、低山带干山坡。

分　　布 昆仑山、阿尔金山各地。

采集加工 夏秋季采集，晒干。

性味归经 味淡，性凉。

功能主治 止痛，消炎，补血。用于神经痛、月经量少、耳鸣、乳汁不足、感冒；外用治牙痛、疮疖痈肿。

化学成分 甾体类成分、多糖。

药理作用 补血、止血、抗肿瘤、抗病毒。

用法用量 3 ～ 5g，水煎服，每日 2 次。外用煎水含漱或外洗。

储　　藏 置于干燥通风处。

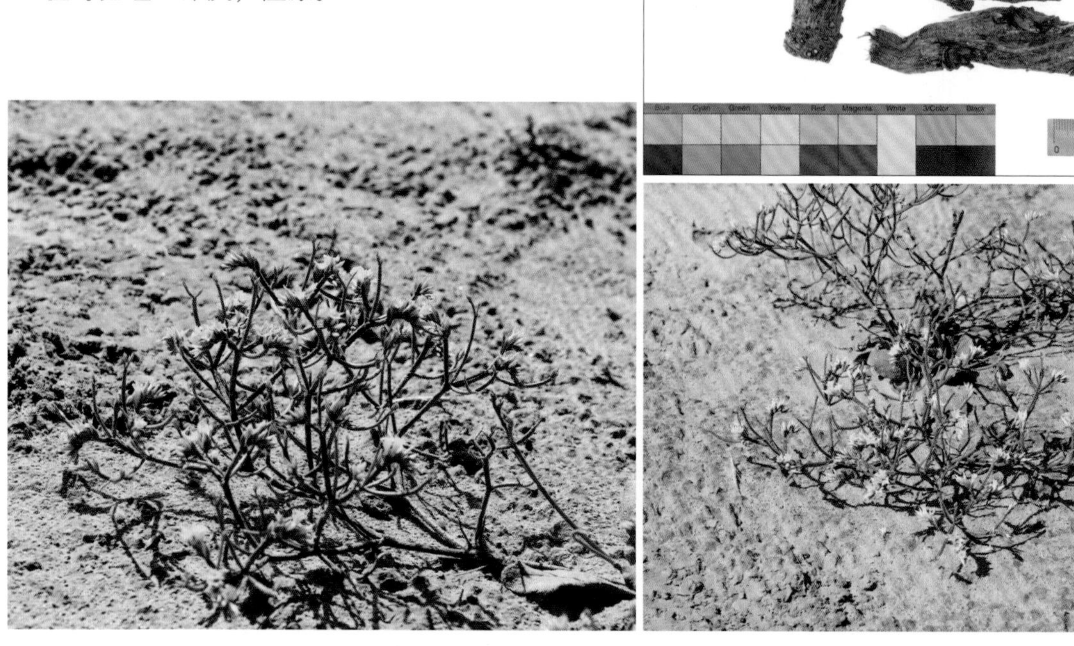

龙胆科 Gentianaceae

秦艽（麻花艽、小秦艽、大艽、西大艽、左扭、左拧、西秦艽、左秦艽、萝卜艽、辫子艽）

Gentiana macrophylla Pall.

药材名	秦艽（秦糺、秦爪、秦胶）
药用部位	根

生物学性状　多年生草本，全株光滑无毛，基部被枯存的纤维状叶鞘包裹。花多数，簇生枝顶呈头状或腋生作轮状；花萼筒膜质，一侧开裂呈佛焰苞状，萼齿锥形；花冠筒部黄绿色，冠檐蓝色或蓝紫色，壶形，裂片卵形或卵圆形，全缘；花药矩圆形；子房无柄，椭圆状披针形或狭椭圆形，先端渐狭，花柱线形，柱头2裂，裂片矩圆形。蒴果卵状椭圆形。种子红褐色，表面具细网纹。花期7～8月，果期8～10月。

生　　境　生于海拔1500～2500m的山地草原、林缘、河谷、亚高山草甸。

分　　布　天山、阿尔泰山等。

采集加工　春秋季采挖，除去泥沙。

性味归经　味辛、苦，性平。归胃、肝、胆经。

功能主治　祛风湿，舒筋络，清虚热，利湿退黄。主治风湿痹痛、筋骨拘挛、手不遂、骨蒸潮热、小儿疳热、湿热黄疸。

化学成分　裂环环烯醚萜苷类、氧萘类、二氢黄酮类、三萜类、甾醇类化合物等。

药理作用　抗炎、抗菌。

用法用量　煎汤，5～10g；或浸酒；或入丸、散。外用适量，研末撒。

注　　意　久痛虚羸、溲多、便滑者忌服。

储　　藏　置于干燥通风处。

辐状肋柱花（辐花侧蕊、肋柱花）

Lomatogonium rotatum (L.) Fries ex Nym.

药材名	肋柱花［哈比日干 - 其其格 - 地格达（蒙古名）］
药用部位	全草

生物学性状 一年生草本。茎直立，少分枝。基生叶倒披针形，向基部狭窄，无柄；茎生叶对生，基端较宽。复总状聚伞花序，花序顶生或腋生；花冠淡蓝色或天蓝色，先端钝尖，长椭圆形，具暗色脉；花梗细长；花萼深裂，狭披针形，钝尖；花冠基部两侧具鳞片状齿裂的筒状腺窝；花药矩形，蓝色；子房圆柱形，花柱缺，先端钝尖，短于花冠，柱头沿子房缝线下延。蒴果椭圆形，先端钝。种子小，多数，球形。花果期 8 ～ 9 月。

生　　境 生于亚高山至高山草甸草原。

分　　布 阿尔泰山、塔尔巴哈台山、天山、昆仑山各地。

采集加工 夏秋季采收，晒干。

性味归经 味苦，性寒。

功能主治 清热利湿，解毒。主治黄疸型肝炎、外感头痛发热。

化学成分 木樨草素 -7-O- 吡喃葡萄糖苷、荭草素等黄酮类化合物。

药理作用 保肝。

用法用量 煎汤，10 ～ 15g。

储　　藏 置于通风处。

夹竹桃科 Apocynaceae

罗布麻（茶叶花、野麻、泽漆麻、女儿茶）
Apocynum venetum L.

药材名	罗布麻叶（吉吉麻、泽漆麻、红花草、野茶等）
药用部位	叶

生物学性状 直立半灌木或草本。单叶对生，椭圆状披针形至矩圆状卵形。圆锥状聚伞花序一至多数；苞片膜质，披针形；花萼深裂，两面被短柔毛；花冠紫红色或粉红色，圆筒状钟形；雄蕊着生在花冠筒基部，花药箭头状，花丝密被白茸毛。蓇葖果无毛。种子卵圆状长圆形，黄褐色，顶端有一簇白色绢质的种毛。花期5～7月，果期8～9月。

生　　境 生于河岸、盐碱地、盐生草甸。

分　　布 塔里木盆地各河河岸，额尔齐斯河、伊犁河两岸。

采集加工 夏季采收，除去杂质，干燥。

性味归经 味甘、微苦，性凉。归肝经。

功能主治 平肝安神，清热利水。主治肝阳眩晕、心悸失眠、浮肿尿少。

化学成分 芦丁、儿茶素、蒽醌、谷氨酸、丙氨酸、缬氨酸、氮化钾、槲皮素、异槲皮苷等。

药理作用 降压、强心、抗辐射、利尿等。

用法用量 煎汤，6～12g；或泡茶饮。

注　　意 脾虚慢惊者慎用。

储　　藏 置于干燥阴凉处。

萝藦科 Asclepiadaceae

戟叶鹅绒藤（羊角子草）

Cynanchum acutum subsp. **sibiricum** (Willdenow) K. H. Rechinger

药材名	牛皮消
药用部位	根

生物学性状 多年生缠绕藤本，全株含白色乳汁。根圆柱状，土灰色。茎被短柔毛。叶对生，戟形或戟状心形，两面均被短疏柔毛。聚伞花序伞房状；花萼披针形，外面被柔毛；花冠外面白色，内面紫色；副花冠双轮，顶端具不同长短的丝状舌片，内轮裂片较短；花粉下垂，柱头隆起。蓇葖果单生，窄披针形。种子矩圆形，顶端有白色绢质种毛。花期7月，果期8～10月。

生　　境 生于海拔750～1300m的准噶尔盆地及塔里木盆地绿洲及其边缘。

分　　布 全疆。

采集加工 春秋季采挖，洗净，晒干。

性味归经 味苦，性凉。入心经。

功能主治 化湿利水，祛风止痛。治胃及十二指肠溃疡，慢性胃炎，急、慢性肾炎，水肿，白带过多，风湿痛等。

化学成分 甾体牛皮消苷、皂苷、有机酸等。

药理作用 抗氧化、抗衰老、抗肿瘤、抗肝损伤等。

用法用量 煎汤，10～30g。

储　　藏 置于干燥通风处。

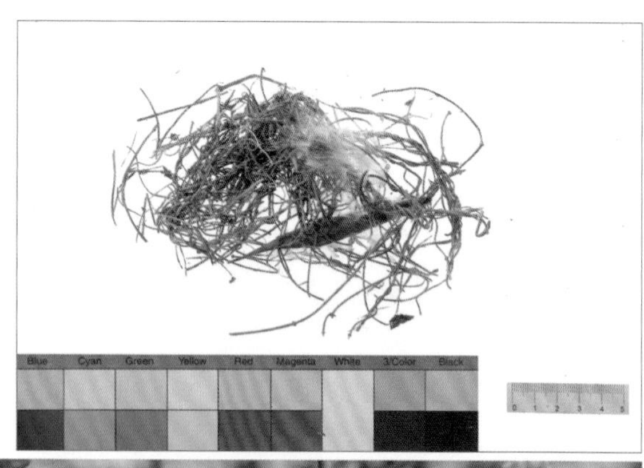

地梢瓜（瓜蒌）
Cynanchum thesioides (Freyn) K. Schum.

药材名	地梢瓜（地梢花、羊不奶棵、小丝瓜、浮瓢棵）
药用部位	全草、果实

生物学性状 多年生草本，有白色乳汁。茎自基部多分枝，密被柔毛。单叶对生或近对生，条形或窄披针形，全缘，两面被毛。聚伞花序腋生；花梗被柔毛；花萼裂片披针形，外面被柔毛；花冠辐状；副花冠杯状，裂片三角状披针形，渐尖。蓇葖果纺锤形，表面具纵细纹，基部楔形。种子棕褐色，扁平，近矩圆形，顶端具一束绢质白毛。花期 5 ～ 8 月，果期 8 ～ 10 月。

生　　境 生于海拔 800 ～ 2100m 的准噶尔盆地绿洲及其边缘。

分　　布 阿勒泰地区、塔城地区等。

采集加工 夏秋季采全草及果实，洗净，晒干。

性味归经 味甘，性平。归肺经。

功能主治 益气，通乳，清热降火，消炎止痛，生津止渴。主治乳汁不通、气血两虚、咽喉疼痛；外用治瘊子。

化学成分 山柰酚苷、槲皮素苷、阿魏酸、芥子酸、多种糖苷。

药理作用 抗病毒。

用法用量 煎汤，15 ～ 50g。

储　　藏 置于干燥通风处。

旋花科 Convolvulaceae

打碗花（老母猪草、旋花苦蔓、扶子苗、扶苗、狗儿秧、小旋花、狗耳苗、狗耳丸、喇叭花）

Calystegia hederacea Wall.

药材名 打碗花（面根藤、小旋花、盘肠参、铺地参）

药用部位 根、花

生物学性状 一年生草本，常自基部分枝，具细长白色的根。基部叶片长圆形，顶端圆，基部戟形；中裂片长圆形或长圆状披针形，侧裂片近三角形，叶片基部心形或戟形。花单生于叶腋；花梗长于叶柄，有细棱；苞片宽卵形，顶端钝或锐尖至渐尖；萼片稍短；花冠淡紫色或淡红色，钟状，冠檐近截形或微裂；雄蕊近等长，花丝被小鳞毛；子房无毛，裂片长圆形，扁平。蒴果卵球形。种子黑褐色，表面有小疣。

生　　境 生于田边、路旁。

分　　布 全疆。

采集加工 秋季挖根状茎，洗净晒干或鲜用。夏秋季采花，鲜用。

性味归经 味甘、淡，性平。

功能主治 根：健脾益气，利尿，调经，止带；用于脾虚消化不良、月经不调、白带、乳汁稀少。花：止痛；外用治牙痛。

化学成分 防己内酯、掌叶防己碱。叶含山柰酚 -3- 半乳苷。

药理作用 利尿等。

用法用量 根：50 ～ 100g。花：外用适量。

储　　藏 置于干燥处。

紫草科 Boraginaceae

黄花软紫草（内蒙古紫草）

Arnebia guttata Bge.

药 材 名 紫草

药用部位 根

生物学性状　多年生草本。茎密生开展的长硬毛和短伏毛。叶无柄，匙状线形至线形，两面密生具基盘的白色长硬毛。镰状聚伞花序含多数花；苞片线状披针形；花萼裂片线形，有开展或半贴伏的长伏毛；花冠黄色，筒状钟形，外面有短柔毛，裂片宽卵形或半圆形，常有紫色斑点；雄蕊着生花冠筒中部（长柱花）或喉部（短柱花）；花柱丝状，柱头肾形。小坚果三角状卵形，有疣状突起。花果期 6 ～ 10 月。

生　　境　生于海拔 1000 ～ 3000m 的砾石质山坡。

分　　布　阿尔泰山、准噶尔盆地西部山地、天山、帕米尔高原及昆仑山。

采集加工　春秋季采挖，除泥，晒干。

性味归经　味苦，性寒。入心包络、肝经。

功能主治　凉血，活血，清热，解毒。治温热斑疹、湿热黄疸、紫癜、吐血、衄血、尿血、淋浊、热结便秘、烧伤、湿疹、丹毒、痈疡。

化学成分　色素、脂肪酸等。

药理作用　避孕、抗菌消炎、抗肿瘤。

用法用量　煎汤，3 ～ 10g；或入散剂。外用熬膏涂。

注　　意　胃肠虚弱、大便滑泄者慎服。

储　　藏　置于干燥处。

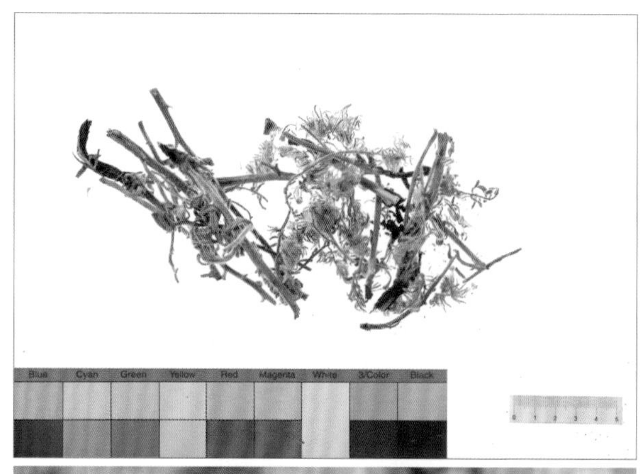

琉璃苣 [高孜万(维药)]

Borago officinalis L.

药材名 牛舌草

药用部位 地上部分

生物学性状 一年生草本，全株有糙毛。叶片长椭圆形或卵形，全缘或微波状。花有柄；花冠管喉部的鳞片顶端微凹；花药顶端有小尖头，背面有细条状附属物。小坚果长圆形，表面有乳头状突起。花期7月。

生　　境 栽培。

分　　布 南疆。

采集加工 盛花期割下全草，晒干。

性味归经 湿热，味微甘、酸。

功能主治 生湿生热，调节异常黑胆质，生湿补脑，祛寒补心，爽心悦志，润燥消炎，止咳平喘。主治干寒性或黑胆质性疾病。

化学成分 皂苷、黄酮类化合物、氨基酸、挥发油、黏液质、糖类、微量生物碱。

药理作用 杀原虫，并可做缓泻剂和解热剂。

用法用量 5～6g。外用适量。

注　　意 对脾有害，矫正药为白檀香。

储　　藏 置于干燥通风处。

小花紫草（硬根紫草、珍珠透骨草）
Lithospermum officinale L.

药材名 白果紫草
药用部位 全草

生物学性状 多年生草本。根在幼嫩时稍含紫色素。茎通常单一，直立，有短糙伏毛，上部通常多分枝。枝斜伸，无明显的弯曲。叶无柄，披针形至卵状披针形，先端短渐尖，基部楔形或渐狭，两面均有糙伏毛，脉在叶下面凸起，沿脉有较密的糙伏毛。花序生茎和枝上部；苞片与叶同形而较小；花萼裂片线形，背面有短糙伏毛；花冠白色或淡黄绿色，檐部裂片长圆状卵形，直立，边缘波状，喉部具 5 个附属物，附属物短梯形，密生短毛；雄蕊着生花冠筒中部；柱头头状。小坚果乳白色或带黄褐色，卵球形，平滑，有光泽，腹面中线凹陷成纵沟。花果期 6 ～ 8 月。

生　　境 生于海拔 1300 ～ 1700m 的阿尔泰山、塔尔巴哈台山、天山北坡山地草原、林缘及灌丛。

分　　布 阿勒泰地区阿勒泰市、塔城地区塔城市、伊犁哈萨克自治州伊宁市、乌鲁木齐市等。

采集加工 夏季采收，晒干。

性味归经 味甘、辛，性温。

功能主治 消炎杀菌，清热解毒。主治关节炎。

化学成分 紫草色素。

用法用量 适量，煎水外洗。

注　　意 ①忌食辛辣刺激性食物；②外用，禁止内服；③孕妇慎用，儿童、哺乳期妇女、年老体弱者应在医师指导下使用；④过敏体质者慎用。

储　　藏 置于阴凉干燥处。

唇形科 Labiatae

香青兰（青兰、野青兰、青蓝、臭蒿、臭仙欢、香花子、玉米草、蓝秋花、山薄荷、摩眼子）

Dracocephalum moldavica L.

药材名	香青兰（上树蜈蚣、扁叶香果兰、香子兰）
药用部位	全草

生物学性状 一年生栽培植物。茎被倒向的短毛，常带紫色。叶片长圆状披针形，常具长刺，两面及脉上具稀疏的小毛及黄色腺点。轮伞花序生于茎或分枝上部，疏松，通常具4花；苞叶狭长圆形，下半部边缘具齿状裂片，裂片顶端具长芒，上半部顶端具钝锯齿；苞片疏被贴伏的毛，每侧具2～3小齿，齿具长刺；花萼被金黄色腺点及短毛，2裂近中部，上唇3浅裂，萼齿具锐尖头，下唇2裂至2/3处；花冠淡蓝紫色，外面被白色短柔毛，冠檐二唇形，上唇短舟形，下唇3裂；雄蕊4，微伸出，花丝先端尖细；花柱先端2等裂。小坚果长圆形，光滑。花期6～7月，果期8～9月。

生　　境 栽培。

分　　布 南疆。

采集加工 夏秋季采收，鲜用或晒干。

性味归经 味辛、苦，性凉。归肺、肝经。

功能主治 疏风清热，利咽止咳，凉肝止血。用于感冒发热、头痛、咽喉肿痛、咳嗽气喘、痢疾、吐血、衄血、风疹、皮肤瘙痒。

化学成分 萜类、黄酮类化合物及挥发油、氨基酸、微量元素等。

药理作用 抗心肌缺血、抗冠心病。

用法用量 煎汤，9～15g。外用适量，鲜品捣敷；或涂擦；或煎水洗。

储　　藏 置于阴凉干燥处。

垂花青兰
Dracocephalum nutans L.

药材名	垂花青兰
药用部位	全草

生物学性状　多年生草本。茎被短柔毛。花假轮生于茎上部叶腋；萼片长圆形，暗紫红色，被短柔毛，二唇，上唇中萼齿卵形，下唇萼齿披针形，上、下唇萼齿皆具短芒；花冠蓝紫红色，外面被短柔毛，冠檐二唇形，上唇直立，裂片长圆形，下唇较大，中裂片肾形，先端微凹，两侧裂片半圆形；后对雄蕊不伸出花冠；花柱微伸出。小坚果。种子暗棕褐色。花期 7～8 月，果期 9 月。

生　　境　生于山地草原、针叶林阳坡、高山及亚高山草甸。

分　　布　全疆。

采集加工　夏末秋初采收。

性味归经　味辛、苦，性凉。入肺经。

功能主治　止咳化痰。主治久咳未愈。

化学成分　挥发油、黄酮、三萜类化合物、有机酸、脂质等。

药理作用　抗缺氧、抗氧化、抗肿瘤等。

用法用量　煎汤，6～9g。

储　　藏　置于干燥处。

刺齿枝子花
Dracocephalum peregrinum L.

药材名	刺齿青兰
药用部位	地上部分

生物学性状 多年生草本。茎被倒向的小毛。叶片两面疏被小毛，边缘被短睫毛及少数带短刺的小牙齿，上部较小。轮伞花序生于上部叶腋中；花具短梗；花萼暗紫红色，被短柔毛及具柄的腺点，上唇萼齿三角状，几相同，顶端具短芒，下唇 2 裂至全长的 3/4 处；花冠蓝紫色或紫红色，外被稀疏的短柔毛，冠檐二唇形，上唇先端 2 裂，中裂片宽楔状，两侧裂片半圆形；花丝光滑；花柱顶端 2 裂。小坚果，黄褐色，三角状卵形。花期 6 ～ 7 月，果期 8 月。

生　　境 生于海拔 1400 ～ 2500m 的山地草原及针叶林阳坡。

分　　布 阿尔泰山、塔尔巴哈台山、天山北坡。

采集加工 夏季割取，晒干或鲜用。

性味归经 味辛，性平。

功能主治 祛痰，止咳，清热化痰。用于慢性气管炎、支气管炎、支气管哮喘、肝炎、尿道炎。

化学成分 生物碱、黄酮苷、挥发油、酚性物质。

药理作用 抗缺氧、抑菌、抗病毒等。

用法用量 水煎服，15 ～ 25g。

储　　藏 置于干燥通风处。

青兰（大叶青兰）
Dracocephalum ruyschiana L.

药材名 青兰［智洋顾（藏名）］

药用部位 全草

生物学性状 多年生草本。根茎暗紫色。茎被稀疏倒向的柔毛。叶线形。轮伞花序；苞片两面被稀疏短毛，边缘紫红色被密集的睫毛；花萼外面中部以下密被短毛，上唇中萼齿卵状椭圆形，侧萼齿三角形，下唇各萼齿均先端锐尖，被睫毛；花冠蓝紫色，冠檐二唇形，下唇中裂片长圆形，两侧裂片近圆形；花药被短柔毛。小坚果暗褐色，微 4 棱。花期 6 ～ 7 月，果期 8 月。

生　　境 生于山地草甸、草原。

分　　布 阿勒泰地区，昌吉回族自治州奇台县、木垒哈萨克自治县，伊犁哈萨克自治州等。

采集加工 夏秋季采收，晒干。

性味归经 味辛、苦，性凉。

功能主治 疏风清热，凉血解毒。主治感冒头痛、咽喉肿痛、咳嗽、黄疸、痢疾。

化学成分 挥发油类、黄酮及黄酮苷等。

药理作用 抗缺氧、抗氧化、抗肿瘤。

用法用量 煎汤，9 ～ 15g。

储　　藏 置于通风处。

薄荷（香薷草、鱼香草、土薄荷、水薄荷、接骨草、水益母、见肿消、野仁丹草、夜息香、南薄荷、野薄荷）

Mentha canadensis L.

药材名 薄荷（蕃荷菜、菝蔺、吴菝蔺、南薄荷、猫儿薄苛、野薄荷）

药用部位 全草或叶

生物学性状 多年生草本。茎被逆生的长柔毛及腺点。单叶对生；叶柄密被白色短柔毛；叶片边缘密生缘毛，上面被白色短柔毛，下面被柔毛及腺点。轮伞花序腋生；苞片线状披针形；花萼钟状，外面密生白色柔毛及腺点；花冠二唇形，紫色或淡红色，花冠外面光滑或上面裂片被毛，内侧喉部被一圈细柔毛；花药黄色，花丝丝状，着生于花冠筒中部，伸出花冠筒外；花柱伸出花冠筒外，柱头2歧。小坚果藏于宿萼内。花期8～10月，果期9～11月。

生　　境 生于平原绿洲及农田附近湿地机水沟边。

分　　布 全疆。

采集加工 夏秋季茎叶茂盛或花开至三轮时，选晴天，分次采割，晒干或阴干。

性味归经 味辛，性凉。入肺、肝经。

功能主治 主治感冒发烧头痛、目赤痛、皮肤风疹瘙痒。

化学成分 挥发油、黄酮类化合物、有机酸等。

药理作用 抗病毒、镇痛止痒、抗刺激、止咳、杀菌、利胆。

用法用量 煎汤，3～6g，不可久煎，宜作后下；或入丸、散。外用适量，煎水洗或捣汁涂敷。

注　　意 阴虚血燥、肝阳偏亢、表虚汗多者忌服。

储　　藏 置于通风处。

罗勒（零陵香、九层塔、香草、鸭香、省头草、矮糠、香佩兰）
Ocimum basilicum L.

药材名 罗勒

药用部位 全草

生物学性状 一年生草本，全株芳香。茎上部被倒向微柔毛。叶柄被微柔毛；叶片下面具腺点。轮伞花序 6；苞片有缘毛，早落；花萼外面被短柔毛，下唇萼齿边缘具缘毛；花冠淡紫色或白色，唇片外面被微柔毛；雄蕊均伸出花冠外，后对雄蕊花丝基部具齿状附属物并被微柔毛；花盘具 4 浅齿。小坚果长圆状卵形，褐色。花期 6 ～ 9 月，果期 7 ～ 10 月。

生　　境 栽培。

分　　布 和田地区等。

采集加工 开花后割取地上部分，鲜用或阴干。

性味归经 味辛、甘，性温。归肺、脾、胃、大肠经。

功能主治 疏风解表，化湿和中，行气活血，解毒消肿。主治感冒头痛、发热咳嗽、中暑、食积不化、脘腹胀满疼痛、风湿痹痛、遗精、月经不调等。

化学成分 挥发油、黄酮、酚酸类、脂肪酸等。

药理作用 抗胃溃疡、抗氧化、抗菌等。

用法用量 5 ～ 7g。外用适量，鲜品捣烂敷或煎水洗患处。

注　　意 气虚血燥者慎服。

储　　藏 置于阴凉干燥处。

夏枯草（铁色草、棒槌草、夏枯头、大头花）
Prunella vulgaris L.

药材名	夏枯草
药用部位	果穗

生物学性状　多年生草本。茎被稀疏的糙毛或近无毛。叶片上面具短硬毛或近无毛，下面近无毛。轮伞花序密集，组成顶生穗状花序；花萼钟状，外面疏生刚毛，下唇较狭，2 深裂，裂片达唇片之半或以下，边缘具缘毛；花冠紫色、蓝紫色或红紫色，喉部外面无毛，内面约近基部 1/3 处具鳞毛毛环，冠檐二唇形；花药 2 室，室极叉开；花柱先端 2 裂，裂等长，钻形；花盘近平顶，子房无毛。小坚果黄褐色，长圆状卵珠形。花期 4 ～ 6 月，果期 7 ～ 9 月。

生　　境　生于草原、河谷、沟旁及山坡。

分　　布　阿尔泰山、塔尔巴哈台山、天山山区。

采集加工　当花穗变成棕褐色时采收，除去杂质，晒干。

性味归经　味苦、辛，性寒。归肝、胆经。

功能主治　清肝散结。治疗瘰疬、瘿瘤、乳痈、乳癌、头晕目眩、口眼歪斜、筋骨疼痛、肺结核、黄疸型传染性肝炎。

化学成分　全草：三萜皂苷、游离的齐墩果酸、熊果酸、芦丁、金丝桃苷、咖啡酸、维生素 B_1、维生素 C、维生素 K、胡萝卜素、树脂、苦味质、鞣质、挥发油、生物碱、水溶性盐类。花穗：花色苷、*D*- 樟脑、*D*- 小茴香酮、熊果酸。

药理作用　降压、抗菌、抗病毒、降血糖等。

用法用量　煎汤，9 ～ 15g，大剂量可用至 30g；熬膏或入丸、散。

注　　意　脾胃虚弱者慎服。

储　　藏　置于干燥处。

盔状黄芩
Scutellaria galericulata L.

药材名 兜冠黄芩（半枝莲）

药用部位 全草

生物学性状 多年生草本。根茎匍匐。茎直立。叶具短柄，密被短柔毛，叶片两面均被短柔毛。花单生于茎中部以上叶腋内；花梗密被短柔毛；花萼外密被白色短柔毛；花冠淡色至蓝色，外被具腺短柔毛，冠檐二唇形，上唇半圆形，盔状，下唇3裂，中裂片三角状卵圆形，两侧裂片圆形；雄蕊前对较长，后对较短，药室裂口具髯毛，花丝被疏柔毛；花盘前方隆起，后方延伸成子房柄。小坚果黄色。花期6～7月，果期7～8月。

生　　境 生于平原绿洲、水渠旁、湖边及潮湿的草丛中。

分　　布 北疆。

采集加工 夏秋季采收，鲜用或晒干。

性味归经 味苦，性寒。归肺、胃、大肠经。

功能主治 清热燥湿。治湿热，亦用于肺热咳嗽，内热亢盛所致咯血、吐血、衄血等。

化学成分 酚性化合物、萜类化合物、甾醇、多糖等。

药理作用 抗肿瘤、抗菌、抗病毒、抗氧化。

用法用量 9～12g，水煎服。外用捣敷或研末。

储　　藏 置于干燥通风处。

茄科 Solanaceae

酸浆（泡泡草、洛神珠、灯笼草、打拍草、红姑娘、香姑娘、酸姑娘）

Alkekengi officinarum Moench

药材名	锦灯笼（挂金灯、金灯、灯笼果、红姑娘、泡泡）
药用部位	干燥宿萼或带果实的宿萼

生物学性状　多年生草本，基部常匍匐生根。叶互生；叶片长卵形至阔形先端渐尖，两面具柔毛，沿叶脉亦有短硬毛。花单生于叶腋，密生柔毛而果时也不脱落；花萼阔钟状，密生柔毛，萼齿三角形，花后萼筒膨大，呈灯笼状包被浆果；花冠辐状，白色，先端骤然狭窄成三角形尖头，外有短柔毛；花药淡黄绿色；子房上位，卵球形。浆果球状，橙红色，柔软多汁。种子肾形，淡黄色。花期 5 ～ 9 月，果期 6 ～ 10 月。

生　　境　生于山地、山地草原。

分　　布　阿尔泰山、准噶尔盆地西部山地、天山、昆仑山、帕米尔高原。

采集加工　夏秋季采收，鲜用或晒干。

性味归经　味酸、苦，性寒。归肺、脾经。

功能主治　清热毒，利咽喉，通便。主治咽喉肿痛、肺热咳嗽、黄疸、痢疾、水肿、小便淋涩、大便不通等。

化学成分　生物碱、黄酮、果胶质、鞣质、草酸、香豆素类。

药理作用　抗菌、兴奋子宫、强心等。

用法用量　煎汤，9 ～ 15g；或捣汁、研末。外用适量，煎水洗；研末调敷或捣敷。

储　　藏　置于干燥通风处。

曼陀罗（土木特张姑、沙斯哈我那、赛斯哈塔肯、醉心花闹羊花、野麻子）

Datura stramonium L.

药材名	洋金花（曼荼罗、满达、曼扎、曼达、醉心花、狗核桃、枫茄花、万桃花、闹羊花、大喇叭花、山茄子）
药用部位	花

生物学性状 草本或半灌木状。茎粗壮。叶广卵形，边缘有不规则波状浅裂。花单生于枝丫间或叶腋；花萼筒状，花后自茎基部断裂，宿存部分随果实增大并向外反折；花冠漏斗状，下半部带绿色，上部白色或淡紫色，裂片有短尖头；雄蕊不伸出花冠；子房密生柔针毛。蒴果直立生，卵状，表面有坚硬针刺或无刺而近光滑。种子卵圆形，稍扁，黑色。花期 6～8 月，果期 7～8 月。

生　　境 生于平原绿洲、水边、路边、田野。

分　　布 全疆。

采集加工 在 7 月下旬至 8 月下旬盛花期，于 16：00～17：00 采摘，50～60℃烘 4～6h 即干。

性味归经 性温，有毒。归心、肺、脾经。

功能主治 止咳平喘，止痛镇静，哮喘咳嗽，脘腹冷痛，风湿痹痛，小儿慢惊；外科麻醉。

化学成分 莨菪碱、东莨菪碱、阿托品。

药理作用 对中枢神经系统、循环系统、呼吸系统有一定的作用。

用法用量 煎汤，0.3～0.5g，宜入丸、散。外用适量，煎水洗；或研末调敷。

储　　藏 置于干燥处，防霉，防蛀。

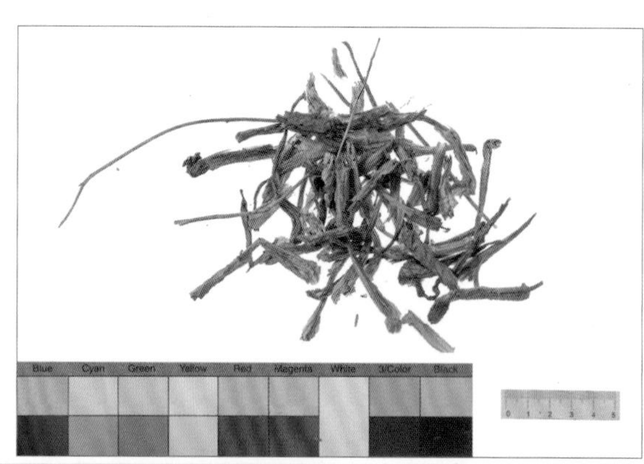

中亚天仙子（矮天仙子、帕卡苯格哈兰特、阿拉沙名多那）

Hyoscyamus pusillus L.

药材名 中亚天仙子

药用部位 叶、种子

生物学性状 一年生草本。茎被短腺毛和混生长柔毛，有时几无毛。叶全缘，具少数牙齿或有时羽状分裂，两面被腺毛，沿脉和边缘具长柔毛。花单生叶腋；花萼倒圆锥状，密被短腺毛和下部混生长柔毛，果期膨大呈筒状漏斗形和近无毛，裂片三角状披针形，顶端具针刺；花冠漏斗状，黄色，喉部暗紫色；雄蕊不伸出花冠，花丝紫色，具柔毛。蒴果圆锥状。种子扁肾形。花果期 4 ～ 8 月。

生　　境 生于固定沙丘边缘、石质碎石山坡、山前平原。

分　　布 天山北坡各地。

采集加工 于夏秋季采摘，炮制。

性味归经 味苦，性温。入心、胃、肝经。

功能主治 定痫，止痛。主治癫狂、风痫、风痹厥痛、胃痛、牙痛等。

化学成分 莨菪碱、东莨菪碱。

药理作用 减少腺体分泌、加速心跳、解除平滑肌痉挛。

用法用量 煎汤，1 ～ 2g。

注　　意 有大毒。

储　　藏 置于干燥通风处。

龙葵（黑天天、天茄菜、飞天龙、地泡子、假灯龙草、白花菜、小果果、野茄秧、山辣椒等）
Solanum nigrum L.

药材名 龙葵（龙葵草、天茄子、黑天天、苦葵等）

药用部位 全草

生物学性状 一年生草本。茎直立，有棱角或不明显，近无毛或稀被细毛。叶互生；叶片卵形，先端短尖，基部楔形或宽楔形并下延至叶柄，全缘或具不规则波状粗锯齿，光滑或两面均被稀疏短柔毛。蝎尾状聚伞花序腋外生；花梗长，裂片卵圆形；雄蕊着生花冠筒口，花丝分离，花药黄色，顶孔向内；雌蕊球形，子房2室，花柱下半部密生白色柔毛，柱头圆形。浆果球形，有光泽，成熟时黑色。种子多数扁圆形。花果期9～10月。

生　　境 生于路旁或田野中。

分　　布 全疆。

采集加工 夏秋季采收，鲜用或晒干。

性味归经 味苦，性寒。

功能主治 清热解毒，活血消肿。主治疔疮、痈肿、丹毒、跌打扭伤、慢性气管炎、肾炎水肿。

化学成分 生物碱、皂苷、多糖、维生素、色素、树脂等。

药理作用 抗炎、镇咳祛痰、抗肿瘤。

用法用量 煎汤，15～30g。外用适量，捣敷或煎水洗。

注　　意 脾胃虚弱者勿服。

储　　藏 置于干燥通风处。

玄参科 Scrophulariaceae

砾玄参（海日音 - 哈日 - 奥日呼代）
Scrophularia incisa Weinm.

药材名 砾玄参［依尔欣巴（蒙药）］

药用部位 全草

生物学性状 半灌木状草本。茎近圆形，无毛或上部生微腺毛。叶片狭矩圆形至卵状椭圆形，无毛，仅脉上有糠秕状微毛。顶生稀疏而狭的圆锥花序，聚伞花序；总梗和花梗生微腺毛；花萼无毛或仅基部有微腺毛，裂片近圆形，有狭膜质边缘；花冠玫瑰红色至暗紫红色，下唇色较浅，花冠筒球状筒形，上唇裂片顶端圆形；退化雄蕊长矩圆形，顶端圆至略尖；花柱长约为子房的 3 倍。蒴果球状卵形。花期 6 ～ 8 月，果期 8 ～ 9 月。

生　　境 生于海拔 800 ～ 2600m 的阿尔泰山、天山的砾石山坡、河谷、河滩。

分　　布 富蕴县、玛纳斯县、塔城市、昭苏县等。

采集加工 夏季采收，洗净泥沙，晒干，切段。

性味归经 味苦，性凉。

功能主治 清热解毒，透疹通脉。主治麻疹不透、水痘、天花、猩红热。

用法用量 单用 1.5 ～ 3g，或入丸、散剂。

储　　藏 置于通风处。

列当科 Orobanchaceae

蒙古肉苁蓉（管花肉苁蓉）
Cistanche mongolica Beck

药材名 肉苁蓉（南疆大芸、红柳大芸）

药用部位 干燥带鳞叶的肉质茎

生物学性状 多年生寄生草本。茎不分枝。叶三角状披针形，向上渐窄。穗状花序；苞片三角状披针形；小苞片线状披针形；花萼筒状，裂片近等大，长卵形或长椭圆形；花冠筒状漏斗形，顶端近等大，近圆形，无毛；花丝基部稍膨大，密被黄白色长柔毛，花药卵圆形，密被黄白色柔毛，基部钝圆，不具小尖头。蒴果长圆形。种子多数，近圆形，黑褐色，外面网状，有光泽。花期 5 ～ 6 月，果期 7 ～ 8 月。

生　　境 生于海拔 600 ～ 900m 的准噶尔盆地、塔里木盆地沙漠边缘。寄生于柽柳属植物的根上。

分　　布 奇台县、喀什市、民丰县等。

采集加工 春季苗刚出土时或秋季冻土之前采挖，切段，晒干。

性味归经 味甘、咸，性温。归肾、大肠经。

功能主治 补肾阳，益精血，润肠通便。用于肾阳不足、精血亏虚、阳痿不孕、腰膝酸软、筋骨无力、肠燥便秘。

化学成分 松果菊苷、麦角甾苷。

药理作用 增强肾功能、提高记忆力、抗阿尔茨海默病、抗衰老、抗疲劳、调节免疫功能等。

用法用量 水煎服，6 ～ 10g。

储　　藏 置于阴凉干燥处。

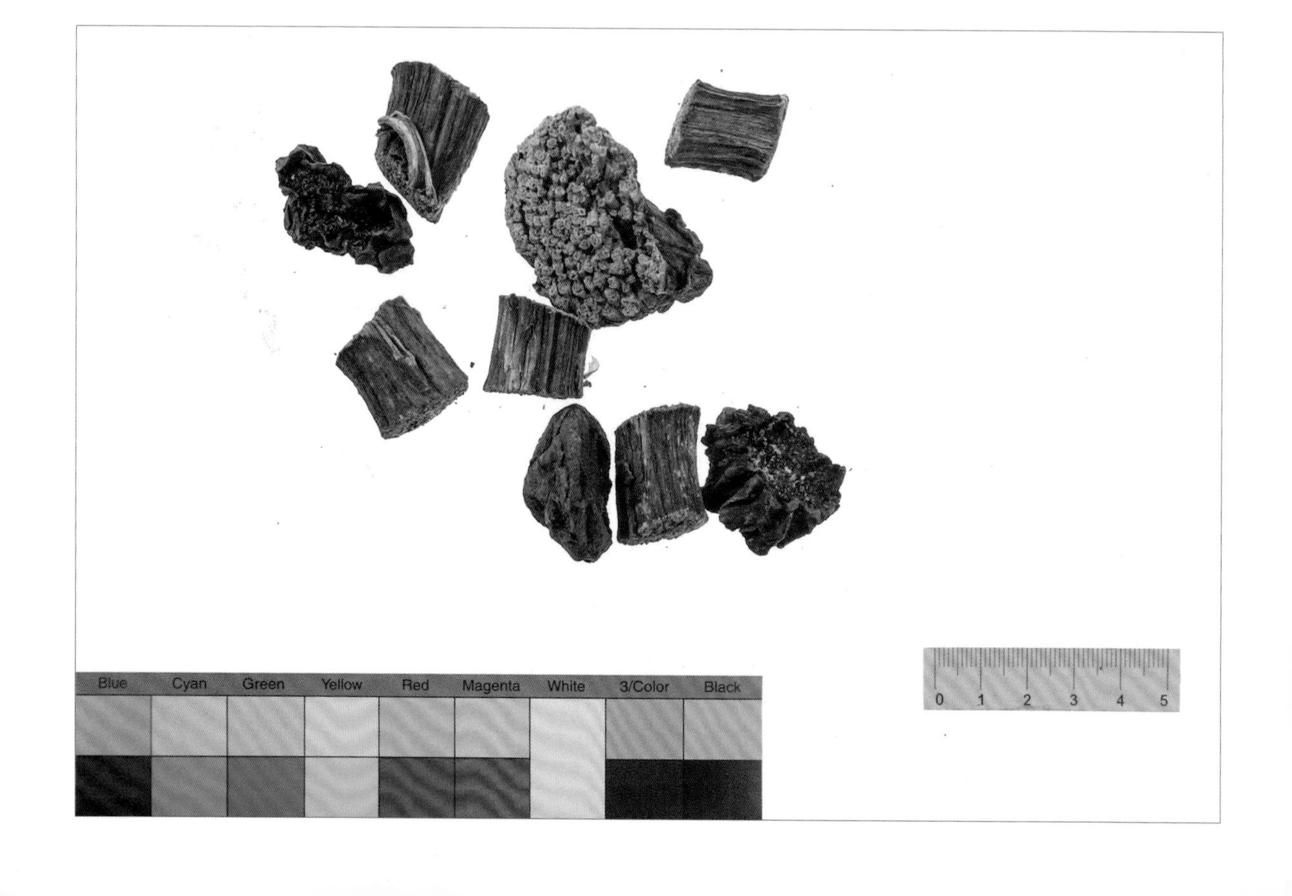

盐生肉苁蓉
Cistanche salsa (C. A. Mey.) G. Beck

药材名 盐生肉苁蓉（大芸、地精）

药用部位 肉质茎

生物学性状 多年生寄生草本。茎不分枝。叶卵状长圆形，两面无毛。苞片卵形或长圆状披针形，外面疏被柔毛，边缘密被黄白色长柔毛；小苞片2，长圆状披针形，外面及边缘被稀疏柔毛；花萼钟状，淡黄色或白色，顶端裂片卵形或近圆形；花冠筒状钟形，筒近白色或淡黄白色，顶端裂片淡紫色或紫色，近圆形；花药长卵形，基部具小尖头，连同花丝基部密被白色皱曲长柔毛；子房卵形，花柱无毛，柱头近球形。蒴果卵形或椭圆形。种子近球形。花期5～6月，果期7～8月。

生　　境 生于海拔700～920m的准噶尔盆地、塔里木盆地沙漠边缘。寄生于盐爪爪属、假木贼属、猪毛菜属、白刺属、琵琶柴属等植物上。

分　　布 准噶尔盆地、塔里木盆地各地。

采集加工 4月至5月上旬采挖。

性味归经 味甘、咸，性温。归肾、大肠经。

功能主治 补肾阳，益精血，润肠道。主治肾阳虚衰、精血不足之阳痿、遗精、白浊、尿频余沥、腰痛脚弱、耳鸣目花、宫寒不孕、肠燥便秘。

化学成分 苯乙醇苷类、环烯醚萜类化合物及木质素、生物碱等。

药理作用 抗疲劳、抗氧化、抗衰老、降血压等。

用法用量 煎汤，10～15g；或入丸、散；或浸酒。

注　　意 胃弱便溏者忌服。

储　　藏 置于干燥通风处，防蛀。

车前科 Plantaginaceae

平车前（车前草、车串串、小车前）
Plantago depressa Willd.

药材名	车前子（车前实、虾蟆衣子、猪耳朵穗子、凤眼前仁）
药用部位	种子

生物学性状 一年生草本。主根圆柱形，黄白色。叶基生，平铺，椭圆形或椭圆状披针形，被柔毛或无毛。花葶数个，直立或斜生，被柔毛或无；穗状花序上部花密，下部花较疏；苞片披针形或三角状卵形，边缘白色膜质；萼片倒卵形，先端钝圆，背部具绿色龙骨状突起；花冠筒状，膜质，淡绿色，顶部 4 裂，基角状，向外反卷；雄蕊伸出花冠外。蒴果圆锥形，盖裂；萼片及苞片宿存。种子椭圆形，黑棕色。花期 6 ～ 7 月，果期 7 ～ 8 月。

生　　境 生于海拔 600 ～ 3800m 的平原绿洲田边路旁、沟边林下草地、山地草原、亚高山草甸。

分　　布 全疆。

采集加工 夏秋季种子成熟时采收果穗，晒干，搓出种子，除去杂质。

性味归经 味甘，性微寒。入肝、肾、肺、小肠经。

功能主治 清热利尿，渗湿通淋，明目，祛痰。主治水肿胀满、热淋涩痛、暑湿泄泻、目赤肿痛、痰热咳嗽。

化学成分 桃叶珊瑚苷、车前子酸、胆碱、腺嘌呤、琥珀酸、树脂等。

药理作用 利尿。

用法用量 9 ～ 15g，入煎剂，宜包煎。

注　　意 凡内伤劳倦、阳气下陷、肾虚精滑及内无湿热者，慎服。

储　　藏 置于干燥通风处，防潮。

大车前（钱贯草、大猪耳朵草）

Plantago major L.

药材名 大车前（大叶车前）

药用部位 全株、种子

生物学性状　多年生草本。叶成丛基生，无毛或疏被毛，具纵棱，基部稍扩大或鞘状；叶片卵形，全缘或疏生耳状锯齿，两面近无毛或被疏毛。花葶数个；穗状花序圆柱形，基部花疏，上部花密；花无柄；苞片卵形，较萼片短，二者均有绿色龙骨状突起；花萼裂片椭圆形；花冠筒状，先端4裂，裂片卵形；雄蕊伸出花冠外；雌蕊1，花柱短，柱头丝状，密被细毛，伸出花冠外。蒴果卵圆形。种子椭圆形或卵形，黑棕色。花期7～8月，果期8～9月。

生　　境　生于平原绿洲、田间、路旁及水沟边等湿地。

分　　布　全疆。

采集加工　4～10月采收全草，洗净，晒干或鲜用。

性味归经　味甘，性寒。归肝、肾、肺、小肠经。

功能主治　清热利尿，祛痰，凉血，解毒。主治水肿、尿少、热淋涩痛、暑湿泻痢、痰热咳嗽、吐血、痈肿疮毒。

化学成分　车前苷、高车前苷、熊果酸、芹菜素、挥发油等。

药理作用　抑制肿瘤转移。

用法用量　10～20g，水煎服。

储　　藏　置于干燥处。

茜草科 Rubiaceae

北方拉拉藤
Galium boreale L.

药材名	砧草（丝拉尕保）
药用部位	全草

生物学性状 多年生直立草本。茎无毛或有极短的毛。叶纸质或薄革质，4 片轮生，两面无毛，边缘有微毛，基出脉在下面常凸起，在上面常凹陷；无柄或具极短的柄。聚伞花序顶生和生于上部叶腋，常在枝顶成圆锥花序式，密花；花小；花萼被毛；花冠白色或淡黄色，辐状，裂片卵状披针形；花柱 2 裂至近基部。果小，单生或双生，密被白色稍弯的糙硬毛。花期 5 ～ 8 月，果期 6 ～ 10 月。

生　　境 生于海拔 1200 ～ 3000m 的高山和亚高山草甸、山地河谷、灌丛。

分　　布 阿尔泰山、天山、准噶尔盆地西部山地。

采集加工 秋季采集全草，晾干。

性味归经 味苦，性寒。入肺经。

功能主治 清热解毒，祛风活血。主治肺炎咳嗽、肾炎水肿、腰腿疼痛、妇女经闭、痛经、带下、疮癣。

化学成分 精油及香豆精类、黄酮类、蒽醌类化合物。

用法用量 15 ～ 30g，水煎服。

储　　藏 置于干燥处。

蓬子菜（乌如木杜乐、蓬子草、重台草、黄米花、鸡肠草）

Galium verum L.

药材名	蓬子菜（铁尺草、月经草、黄牛尾、黄米花、柳夫绒蒿、疔毒蒿、鸡肠草）
药用部位	全草

生物学性状 多年生近直立草本。茎被短柔毛或糠秕状毛。叶纸质，轮生，线形，下面有短柔毛；无柄。聚伞花序顶生和腋生，多花，通常在枝顶结成带叶的圆锥花序状；总花梗密被短柔毛；花小，稠密；花梗有疏短柔毛或无毛；萼管无毛；花冠黄色，辐状，无毛，裂片卵形或长圆形，顶端稍钝；花药黄色；花柱顶部2裂。果小，双生，近球状，无毛。花期6～7月，果期9月。

生　　境 生于海拔1500～3300m的山地草原、高山草甸、草原、林带阳坡。

分　　布 阿尔泰山、天山、准噶尔盆地西部山地、昆仑山等。

采集加工 夏秋季采收，鲜用或晒干。

性味归经 味微辛、苦，性微寒。

功能主治 清热解毒，行血，止痒，利湿。治肝炎、疔疮疖肿痛、稻田皮炎、荨麻疹、静脉炎、跌打损伤、妇女血气痛等。

化学成分 黄酮、蒽醌、环烯醚萜类化合物、有机酸、蜡质及其他成分。

药理作用 利胆、缓泻及降压。

用法用量 煎汤，25～50g；或浸酒。外用捣敷，或熬膏涂。

储　　藏 置于干燥处。

桔梗科 Campanulaceae

天山沙参
Adenophora lamarckii Fisch.

药材名 沙参
药用部位 根

生物学性状 多年生草本，有白色乳汁。根胡萝卜状。茎不分枝，无毛。茎生叶卵状披针形，顶端急尖，边缘具粗齿，表面无毛，边缘有毛。花序假总状或圆锥状；花梗短；花萼无毛，筒部倒卵状或倒圆锥状，裂片披针形；花冠漏斗状钟形，蓝色，裂片卵状急尖；花盘筒状，无毛；花柱与花冠近等长。花期 7 ～ 8 月，果期 8 ～ 9 月。

生　　境 生于山地草原、林缘、灌丛。

分　　布 北疆山区。

采集加工 秋季刨采，即时晒干。

性味归经 味甘、微苦，性微寒。归肺、胃经。

功能主治 清热养阴，润肺止咳。主治气管炎、百日咳、肺热咳嗽、咯痰黄稠。

化学成分 *β*- 谷甾醇、*β*- 谷甾醇 -*β*-*D*- 吡喃葡萄糖苷、蒲公英赛酮及二十八碳酸。

药理作用 抗真菌、祛痰、强心。

用法用量 煎汤，10 ～ 15g；或入丸、散。

注　　意 风寒咳嗽者忌服。

储　　藏 置于干燥通风处。

聚花风铃草

Campanula glomerata subsp. **speciosa** (Sprengel) Domin

药材名	聚花风铃草（灯笼花）
药用部位	全草

生物学性状 多年生草本。茎直立。茎生叶具长柄，长卵形至心状卵形。花数朵集成头状花序，生于茎中上部叶腋间，多个头状花序集成复头状花序；每朵花有大小不等的苞片，头状花序中间的花先开，其苞片也最小；花萼裂片钻形；花冠紫色、蓝色或蓝紫色，管状钟形；花柱伸出于花管外部。蒴果倒卵状圆锥形。种子长矩圆状，扁。花果期 6 ～ 8 月。

生　　境 生于海拔 1200 ～ 2600m 的山地草原至高山草甸、河谷、林缘。

分　　布 北疆。

采集加工 夏秋季采集，去净泥土，切碎晒干。

性味归经 味苦，性凉。归肺经。

功能主治 清热解毒。主治咽喉肿痛、头痛。

化学成分 多糖、挥发油等。

药理作用 抗肿瘤等。

用法用量 煎汤，6 ～ 10g。

储　　藏 置于干燥处。

菊科 Compositae

北艾（白蒿、细叶艾、野艾）
Artemisia vulgaris L.

药材名 北艾
药用部位 全草

生物学性状 多年生草本。茎、枝微被短柔毛。叶背面密被灰白色蛛丝状绒毛。头状花序长圆形；苞片全缘，外层苞片背面密被蛛丝状柔毛，边狭膜质，中层总苞片背面被蛛丝状柔毛，内层总苞片半膜质，背面毛少；雌花花冠狭管状，檐部具 2 裂齿，紫色，花柱伸出花冠外，先端 2 叉；两性花花冠管状或高脚杯状，檐部紫红色，花药先端附属物尖，长三角形，基部有短尖头或略钝，花柱先端 2 叉，叉端截形，具长而密的睫毛。瘦果倒卵形或卵形。花果期 8 ～ 10 月。

生　　境 生于海拔 500 ～ 2400m 的草原、林缘、荒地及路边。

分　　布 布尔津县、塔城市、裕民县、新源县等。

采集加工 花未开时割取地上部分，晒干。

性味归经 味苦、辛，性温。

功能主治 理气血，驱寒湿，温经，止血，安胎。主治心腹冷痛、泄泻、月经不调、崩漏、带下病、胎动不安、痈疡、疥癣。

化学成分 挥发油、黄酮类化合物、生物碱。

药理作用 抗菌、平喘、利胆。

用法用量 煎汤，3 ～ 10g；或入丸、散；或捣汁。外用适量，捣绒作炷或制成艾条熏灸；或煎水熏洗；或炒热温熨。

储　　藏 置于干燥通风处。

高山紫菀
Aster alpinus L.

药材名	高山紫菀
药用部位	全草

生物学性状 多年生草本。茎直立，被上贴长节毛。基生叶莲座状，匙形或长圆状倒披针形，密被上贴长毛，常多少杂有疏腺点。头状花序单生茎顶；总苞半球形；缘花雌性，紫色，长圆状条形；中央两性花筒状，黄色，檐部5裂；花柱分枝附片披针形，伸出花冠。瘦果长圆形，淡褐色，扁压，密被贴毛；冠毛白色，外层为极短的糙毛。花果期7～9月。

生　　境 生于海拔540～4000m的亚高山草甸、草原、山地。

分　　布 阿勒泰地区、伊犁哈萨克自治州、和田地区、哈密市。

采集加工 7～8月采收全草，切段，晒干。

性味归经 味微苦，性寒。

功能主治 清热解毒。主治风热头痛。

化学成分 根：脂肪酸、毛叶酯。地上部分：6α-当归酰氧基-1-氧代-2,3-二氢西洋红素、6β-羟基-7,8-去氢三楔旱地菊素A。

药理作用 化痰镇咳、抗肿瘤等。

用法用量 煎汤，3～10g。

储　　藏 置于干燥处。

萎软紫菀
Aster flaccidus Bge.

药材名 太白菊（肺经草）
药用部位 全草

生物学性状 多年生草本。茎直立，被或密或疏的皱曲长节毛和疏短毛，有时上部杂有腺毛。基生叶密集成莲座状，匙形或长圆状匙形；茎生叶长圆形或长圆状披针形，抱茎；叶均全缘，下面或两面及边缘被疏或密的节毛。头状花序单生茎顶；总苞半球形，总苞片及枝顶端密被绵毛状长节毛；缘花雌性；中央两性花筒状，黄色。瘦果长圆形，黄色或淡棕色，被疏贴毛，无毛，或杂有腺毛。花果期 6 ～ 9 月。

生　　境 生于海拔 2000 ～ 4500m 的亚高山草甸、山坡、石滩。

分　　布 阿勒泰地区、博尔塔拉蒙古自治州博乐市、和田地区等。

采集加工 夏秋季采收，阴干。

性味归经 味苦、微辛，性凉。

功能主治 清热解毒，止咳。主治肺痈、肺痨、风热咳喘、顿咳、目疾。

化学成分 根含萜类化合物、植物甾醇、葡萄糖苷、挥发油等。

药理作用 祛痰、镇咳、平喘、抗肿瘤等。

用法用量 煎汤，6 ～ 9g。

储　　藏 置于干燥处。

狼杷草（狼把草、矮狼杷草）

Bidens tripartita L.

药材名	狼把草（乌阶、乌杷、郎耶草、小鬼叉、豆渣草、针包草、引线包、大狼把草、接力草、针线包、一包针）
药用部位	全草

生物学性状　一年生草本。茎直立。下部叶不裂，早枯；中部叶羽状全裂，裂片条状披针形，叶片之侧裂片披针形或窄披针形，叶柄具窄翅；上部叶与裂片均为披针形或窄披针形。头状花序单生；总苞盘形，外层叶质，条形或披针形，具白色软骨质睫毛，内层长椭圆形或卵状披针形，背部有褐色条纹，边缘透明；无舌状花。瘦果扁，倒卵状楔形，边缘有倒刺毛，顶端芒刺两侧有倒刺毛。花期 9 ～ 10 月。

生　　境　生于海拔 350 ～ 1700m 绿洲的水边、沼泽、渠边。

分　　布　阿勒泰地区，博尔塔拉蒙古自治州博乐市，伊犁哈萨克自治州霍城县、新源县，乌鲁木齐市等。

采集加工　夏秋季采收，去杂质，鲜用或晒干。

性味归经　味苦、微甘，性平。

功能主治　清热解毒。主治感冒及多种炎症；外用治疗疖肿、湿疹及皮癣。

化学成分　挥发油、鞣质、黄酮类化合物。

药理作用　镇静、降压及轻度增大心跳振幅。可利尿、发汗。

用法用量　煎汤，6 ～ 15g。外用研末撒或捣汁涂。

储　　藏　置于干燥处。

红花（刺红花、红蓝花、草红花）
Carthamus tinctorius L.

药材名	红花（草红花）
药用部位	干燥花

生物学性状　一年生草本。茎直立，上部多分枝。叶长椭圆形，先端尖，无柄，基部抱茎，边缘羽状齿裂，齿端有尖刺，两面无毛，上部叶较小，成苞片状围绕花序。头状花序顶生，排成伞房状；总苞片数层，外层绿色，卵状披针形，边缘具尖刺，内层卵状椭圆形，白色，膜质；全为管状花，初开时黄色，后转橙红色。瘦果椭圆形；无冠毛，或鳞片状。花期5～7月，果期7～9月。

生　　境　栽培。

分　　布　全疆。

采集加工　夏季花由黄变红时采摘，阴干或晒干。

性味归经　味辛，性温。归心、肝经。

功能主治　活血通经，祛淤止痛。用于经闭、痛经、产后淤阻腹痛、胸痹心痛、症瘕积聚、跌打损伤、关节疼痛、中风偏竣、斑疹。

化学成分　红花黄色素、红花苷、脂肪油、木聚糖类、苦味甾体苷等。

药理作用　对子宫有兴奋作用和一定的降压作用。

用法用量　煎汤，3～10g。养血和血宜少用，活血祛淤宜多用。

注　　意　孕妇慎用。

储　　藏　置于阴凉干燥处，防潮，防蛀。

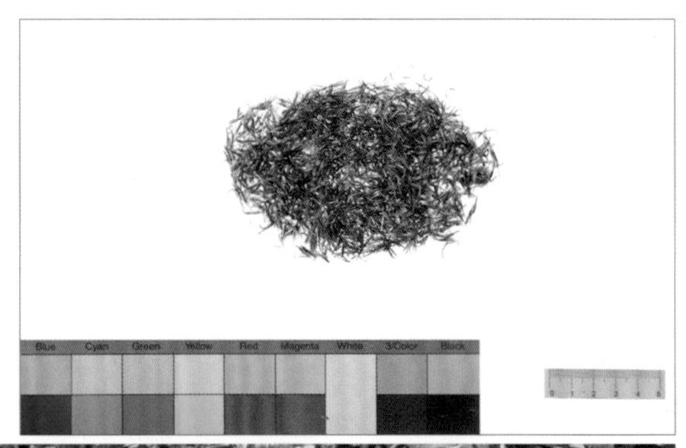

两色金鸡菊（蛇目菊、雪菊、天山雪菊）

Coreopsis tinctoria Nutt.

药材名 雪菊

药用部位 花

生物学性状 一年生草本，无毛。茎直立，上部有分枝。叶对生；下部及中部叶有长柄，二次羽状全裂，裂片线形或线状披针形，全缘；上部叶无柄或下延成翅状柄，线形。头状花序多数，有细长花序梗，排列成伞房或疏圆锥花序状；总苞半球形，总苞片外层较短，内层卵状长圆形，顶端尖；舌状花黄色，舌片倒卵形；管状花红褐色，狭钟形。瘦果长圆形或纺锤形，两面光滑或有瘤状突起，顶端有 2 细芒。花期 5～9 月，果期 8～10 月。

生　　境 栽培。

分　　布 全疆。

采集加工 花期采收。

性味归经 味甘，性平。归肝、大肠经。

功能主治 清热解毒，化湿止痢。主治目赤肿痛、湿热痢、痢疾。

化学成分 黄酮类化合物、皂苷类化合物、有机酸、鞣质、糖类、挥发油或油脂类化合物、酚性成分。

药理作用 降血糖、抗氧化、降血压、降血脂等。

用法用量 泡茶，3～5g。

储　　藏 置于干燥通风处。

阿尔泰多榔菊
Doronicum altaicum Pall.

药 材 名 阿尔泰多榔菊（太白菊、太白小紫菀）

药用部位 全草

生物学性状 多年生草本。茎被疏柔毛。基生叶卵形，顶端钝圆，基部楔形渐窄成长柄；上部茎生叶椭圆形或矩圆形，顶端钝尖，基部心形，抱茎，无柄，全缘或有疏齿。头状花序单生于茎顶，花序梗密被长柔毛；总苞半球形，苞片 2 ～ 3 层，较宽，披针形，渐尖，基部有长柔毛；舌状花 1 层，黄色，舌片尖端有 2 ～ 3 齿；两性花筒状，黄色，冠檐 5 齿裂。瘦果圆柱形，有 10 棱，被毛；舌状花瘦果有冠毛，冠毛污白色。花期 6 ～ 8 月。

生　　境 生于海拔约 2100m 的山地湿润草甸与林缘。

分　　布 阿勒泰市、沙湾市、昭苏县等。

采集加工 夏末秋初采收。

性味归经 味甘、苦，性温。入肺经。

功能主治 化痰，止咳，平喘。治咳嗽气逆、咯痰不爽、肺虚久咳、痰中带血、胸膈满闷等多种类型的咳嗽。

用法用量 煎汤，3 ～ 10g。

储　　藏 置于干燥处。

羊眼花（拟羊眼花）

Inula rhizocephala Schrenk

药 材 名 羊眼花（线叶紫菀、狭包紫菀）

药用部位 全草

生物学性状 多年生草本。无茎。叶莲座状，叶两面被稀疏的细毛，基部膨大。头状花序密集成团伞状；总苞半球形，花序密被长单毛，总苞片多层，较窄，内长外短，无毛或被短纤毛，顶端较尖，多紫色，边缘具短睫毛或无毛，中外层反折；舌状花黄色，舌片线状长圆形，檐部窄的漏斗状，前端5齿。瘦果圆柱形，被红黄色微伏毛；冠毛污白色，有多数微纤毛。花期6～8月。

生　　境 生于海拔700～2900m的针叶林下、草甸、泛滥地灌丛。

分　　布 阿勒泰市、塔城市、精河县、昭苏县等。

采集加工 夏秋季花开时采收，除去杂质，阴干或晒干。

性味归经 味微苦，性寒。入肺经。

功能主治 清热解毒，托毒生肌。主治外感风热、发热、恶寒诸症、疮疡脓出不净。

化学成分 槲皮素、芦丁、洋芹素、高良姜素和表木栓醇。

用法用量 9～15g，水煎服。外用适量，酒调敷患处。

储　　藏 置于干燥处。

火绒草（绢绒火绒草、老头艾、老头草、海哥斯梭利、大头毛香）

Leontopodium leontopodioides (Willd.) Beauv.

药材名	火绒草（小矛香艾、老头草、老头艾）
药用部位	地上部分

生物学性状　多年生草本。花茎被灰白色长柔毛或白色近绢状毛。叶上面灰绿色，被柔毛，下面被白色或灰白色密棉毛或有时被绢毛。苞叶两面或下面被白色或灰白色厚茸毛。头状花序大；总苞半球形，被白色棉毛，总苞片约4层，常狭尖，稍露出毛茸之上；小花雌雄异株；雄花花冠狭漏斗状，有小裂片；雌花花冠丝状，花后生长；冠毛白色，雄花冠毛有锯齿或毛状齿，雌花冠毛有微齿。瘦果长圆形，黄褐色，有乳头状突起或密粗毛。花果期7～10月。

生　　境　生于海拔1500～3300m的干旱草原、草甸、高山沼泽、砾石山坡。

分　　布　全疆。

采集加工　夏秋季采收，晾干。

性味归经　味微苦，性寒。

功能主治　疏风清热，利尿，止血。主治流行性感冒，急、慢性肾炎，尿路感染，尿血，创伤出血。

化学成分　3,4-二羟基桂皮酸和香草酸。

药理作用　治疗肾炎和增加冠脉血流量。

用法用量　煎汤，9～15g。

储　　藏　置于干燥通风处。

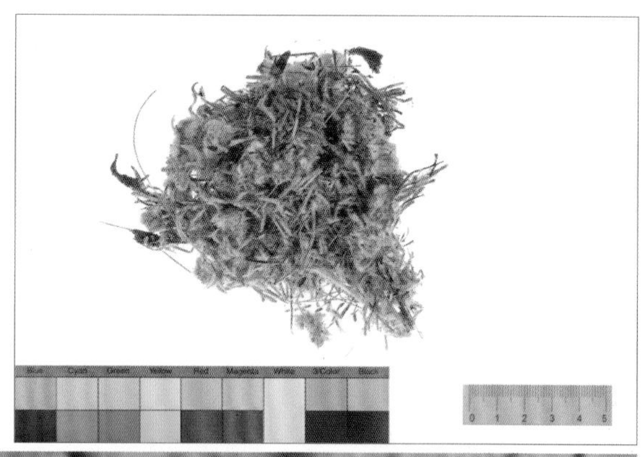

黄白火绒草（黑苞火绒草）

Leontopodium ochroleucum Beauv.

药材名	老头草
药用部位	全草

生物学性状 多年生草本。根状茎细。花茎被白色或上部带黄色的柔毛或绒毛，下部常稍脱落。下部叶两面密被或疏生灰白色长柔毛。苞叶较少数，两面密被稍带黄色的柔毛或绒毛，开展成整齐的苞叶群；头状花序常数个至十多个，密集；总苞被长柔毛，总苞片无毛，褐色或深褐色，露出于绒毛之上；小花异形，外侧的头状花序雌雄同株或雌雄异株，不育子房无毛。瘦果无毛或有乳头状突起或短毛；冠毛白色，基部黄色或稍褐色，常长于花冠。花期 7～8 月。

生　　境 生于海拔 1400～4570m 的高山或亚高山之草地、沙地砾石地。

分　　布 全疆。

采集加工 夏秋季采收全草。

性味归经 味苦，性寒。

功能主治 清热凉血，利尿，消炎。治肾炎、急性肝炎、咽喉肿痛。

化学成分 原儿茶醛、咖啡酸、阿魏酸。

药理作用 抗炎和改善冠脉血流量。

用法用量 15～20g，水煎服。

储　　藏 置于干燥通风处。

顶羽菊（白蒿）
Rhaponticum repens (L.) Hidalgo

药材名 苦蒿

药用部位 地上部分

生物学性状 多年生草本。茎直立，多分枝，有纵棱槽，密被蛛丝状柔毛。叶长椭圆形、匙形或线形，被蛛丝状柔毛，后渐脱落近无毛；无柄。头状花序多数，在茎枝顶端排列成伞房状或伞房圆锥状；总苞卵形，附片干膜质，密被长毛；小花粉红色或淡紫红色，细管部与增宽的檐部近等长，檐部5浅裂。瘦果倒长卵形，压扁，淡白色；冠毛白色，多层。花果期6～8月。

生　　境 生于海拔2400m以下的水旁、沟边、盐碱地、田边、荒地、沙地、干山坡及石质山坡。

分　　布 全疆。

采集加工 夏末秋初采收地上部分。

性味归经 味苦，性凉。归肺、胃经。

功能主治 清热解毒，活血消肿。主治痈疽疖疮、无名肿毒、关节炎。

化学成分 挥发油、生物碱、皂苷、酚类、有机酸等。

药理作用 杀虫、抗氧化等。

用法用量 外用适量，水煎煮洗或熬膏贴敷患处。

储　　藏 置于干燥通风处。

驱虫斑鸠菊（印度山茴香）

Vernonia anthelmintica (L.) Willd.

药材名	驱虫斑鸠菊（野茴香）
药用部位	果实

生物学性状　一年生高大草本。茎被腺状柔毛。叶互生；叶片卵形，两面被短柔毛，下面脉上毛较密，具腺点。头状花序较多数，在茎和枝端排列成疏伞房状；花序梗被短柔毛及腺点；总苞半球形，总苞片近等长，外层线形，中层长圆状线形，内层长圆形；花托平或稍凹，有蜂窝状突起；小花淡紫色；花冠管状，檐部狭钟状，具披针形裂片。瘦果近圆柱形，黑色，被微毛；冠毛淡红色，外层极短，近膜状，宿存，内层糙毛状，易脱落。花期 7 ～ 9 月，果期 8 ～ 10 月。

生　　境　栽培。

分　　布　和田地区等。

采集加工　秋季果实成熟时采收，晒干。

性味归经　味苦，性凉。入肝、大肠经。

功能主治　祛风活血，杀虫解毒。治白癜风、蛔虫、蛲虫、疮疖肿痛。

化学成分　斑鸠菊酸、斑鸠菊大苦素、斑鸠菊醇、大量的无机成分（钾、钠、钙、磷）及稀有元素（锂、铜、锶等）。

药理作用　驱蛔虫、消炎。

用法用量　入丸、散，2 ～ 4g。外用适量，研细粉调敷。

注　　意　对肾、肺及热性气质者有害，若用，需配野薄荷。

储　　藏　置于阴凉干燥处。

Blue　Cyan　Green　Yellow　Red　Magenta　White　3/Color　Black

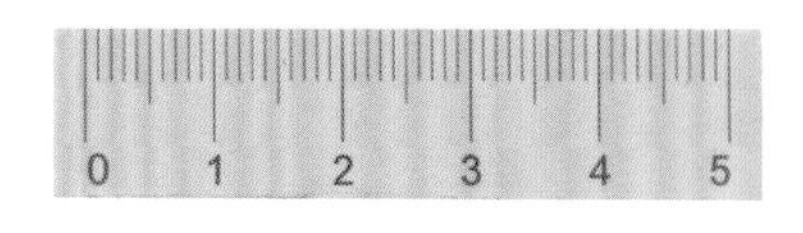

苍耳（苍子、稀刺苍耳、菜耳、猪耳、野茄、胡苍子、痴头婆、抢子）

Xanthium strumarium L.

药材名	苍耳子
药用部位	干燥成熟带总苞的果实

生物学性状　一年生草本。茎被灰白色糙伏毛。叶三角状卵形或心形，被伏糙毛。雄头状花序球形，总苞片长圆状披针形，被短柔毛，花托柱状，有微毛，雄花冠钟状，冠檐5裂，花药长圆状线形，分离；雌头状花序椭圆状，外层总苞片披针形，被短柔毛，内层总苞片结合成囊状，外面有疏生带钩的刺，刺细而长，向下增粗，生于隆起的小丘上，小丘及总苞表面被小的柔毛和腺毛，喙坚硬，锥形。瘦果2，不等大，倒卵形，灰黑色。花期7～8月。

生　　境　生于海拔500～1300m的平原、丘陵、低山的荒野、路边、农田。

分　　布　全疆。

采集加工　夏季割取全草，切段晒干或鲜用。

性味归经　味苦、辛，性微寒。归肺、脾、肝经。

功能主治　祛风，散热，除湿，解毒。主治感冒、头晕、目赤、目翳、风温痹痛、拘挛麻木、风癞、疔疮、疥癣、皮肤瘙痒、痔疮、痢疾。

化学成分　苍耳苷、查耳酮衍生物、水溶性苷、葡萄糖、果糖、氨基酸、酒石酸、琥珀酸、延胡索酸、苹果酸、硝酸钾、硫酸钙等。

药理作用　抑制中枢神经系统。

用法用量　煎汤，6～12g，大剂量30～60g；或入丸、散。外用适量，捣敷；或煎水洗；或熬膏敷。

储　　藏　置于干燥通风处。

香蒲科 Typhaceae

水烛（蜡烛草、蒲草、水蜡烛、狭叶香蒲）
Typha angustifolia L.

药材名 蒲黄
药用部位 花粉

生物学性状 多年生水生或沼生草本。叶片条形，深绿色；叶鞘具膜质边。花序轴具褐色扁柔毛；雄花花丝短、细弱、下部合生成柄；雌花序圆柱形，淡褐色，花后脱落，雌花的小苞片匙形，质硬，具细柄，先端黄褐色；孕性雌花柱头褐色，窄条形或披针形，子房纺锤形，具褐色斑点，子房柄基部被白色丝状毛；不孕雌花子房倒圆锥形，具褐色斑点，先端黄褐色，柱头短尖。小坚果长椭圆形，具褐色斑点，纵裂。花期 6～7 月，果期 7～9 月。

生　　境 生于湖泊、溪渠、河边浅水、河滩积水沼泽及水稻田间。

分　　布 阿勒泰地区富蕴县、阿勒泰市，塔城地区塔城市，伊犁哈萨克自治州伊宁市等。

采集加工 夏季采收。蒲棒上部的黄色雄花序，晒干后碾轧，筛取花粉。剪取雄花后，晒干，成为带有雄花的花粉，即为草蒲黄。

性味归经 味甘、辛，性凉。入肝、心经。

功能主治 凉血止血，活血消淤。生用治经闭腹痛、产后淤阻作痛、跌扑血闷、疮疖肿毒；炒黑治吐血、衄血、崩漏、泻血、尿血、血痢、带下；外治重舌、口疮、耳中出血、阴下湿痒。

化学成分 总黄酮、槲皮素、山柰酚等。

药理作用 降血脂、抗动脉粥样硬化、抑菌。

用法用量 5～10g，包煎。外用适量，敷患处。止血多炒炭用，化淤、利尿多生用。

注　　意 孕妇慎服。

储　　藏 置于干燥通风处，防潮，防蛀。

长苞香蒲

Typha domingensis Persoon

药材名	香蒲（蒲、蒲黄草、水蜡烛、蒲包草、水烛、蒲黄）
药用部位	全草

生物学性状 多年生草本。根茎横走，有须根。茎直立。叶狭线形；叶鞘圆筒形，半抱茎。花小，单性，雌雄同株，集合成圆柱状肥厚的穗状花序；雌、雄花序离生，雄花序在上部，雌花序在下部，相隔约 3cm；雌、雄花的花被均退化成鳞片状或成茸毛；雄花具雄蕊 3，花药下部具尖的、上部有齿的毛，毛长于花药，花粉粒单生；雌花有小苞，匙形，与柱头等长，子房柄具白色丝状毛。果穗长短变化很大，通常短于雄花序，赭褐色。坚果细小，无槽。花期 8～9 月，果期 9～10 月。

生　　境 生于平原绿洲上的河边及河滩积水沼泽。

分　　布 新源县、温宿县、巴楚县、策勒县等。

采集加工 夏秋季采收。

性味归经 味甘、微辛，性平。

功能主治 止血，祛淤，利尿。治小便不利、乳痈。

化学成分 多量维生素 B_1、维生素 B_2 和维生素 C。

药理作用 促进伤口愈合、抗动脉粥样硬化、抗免疫等。

用法用量 煎汤，5～15g；研末或烧灰入丸、散。外用捣敷。

储　　藏 置于干燥通风处。

水麦冬科 Juncaginaceae

水麦冬
Triglochin palustris L.

药材名	水麦冬
药用部位	果实

生物学性状 多年生湿生草本，植株弱小。根茎短，生有多数须根。叶全部基生，条形，先端钝，基部具鞘，两侧鞘缘膜质，残存叶鞘纤维状。花葶细长，直立，圆柱形，无毛；总状花序；花排列较疏散；无苞片；花被6，绿紫色，椭圆形或舟形；雄蕊6，近无花丝，花药卵形，2室；雌蕊由3个合生心皮组成，柱头毛笔状。蒴果棒状条形，成熟时自下至上呈3瓣开裂，仅顶部联合。花果期6～10月。

生　　境 生于海拔40～4200m的河岸湿地、沼泽地或盐碱湿草地上。

分　　布 全疆。

采集加工 9～10月采集果实，晾干。

性味归经 味酸、涩，性平。

功能主治 消炎，止泻。用于眼痛、腹痛。

用法用量 研末与其他药配用。

储　　藏 置于干燥通风处。

泽泻科 Alismataceae

草泽泻
Alisma gramineum Lej.

药材名	草泽泻
药用部位	块茎

生物学性状 多年生水生或沼生草本。水生型植物的叶浮水或沉水，条形；陆生型植物的叶长圆状披针形或披针形；叶柄短或长于叶片。水生型植株的花葶上部露出水面，陆生型植株的花葶直立或斜生；圆锥状复伞形花序；水生型植株的花闭合，陆生型植株的花开张；萼片、花瓣 3；雄蕊 6；心皮多数，轮生。花期 6 ～ 7 月，果期 7 ～ 9 月。

生　　境 生于河、湖、渠边水中及沼泽地。

分　　布 阿勒泰市、哈巴河县、布尔津县、福海县、玛纳斯县、沙湾市、新源县、焉耆回族自治县等。

采集加工 秋后采挖，洗净，晒干。

性味归经 味甘、淡，性寒。

功能主治 利水渗湿，泄热通淋。主治小便淋沥、涩痛、水肿。

化学成分 三萜类化合物等。

药理作用 抗血栓、降血脂、利尿。

用法用量 煎汤，3 ～ 15g。

储　　藏 置于干燥通风处。

泽泻
Alisma plantago-aquatica L.

药材名 泽泻（水泽、如意花、车苦菜、天鹅蛋、天秃、一枝花）

药用部位 块茎

生物学性状 多年生水生或沼生草本。沉水叶条形或披针形；挺水叶宽披针形、椭圆形至卵形。圆锥状复伞形花序；苞片披针形；花两性；内、外轮花被片 3；花药长圆形，黄色；花柱直立，柱头短。瘦果椭圆形，两侧扁，果喙自腹侧伸出。花期 5 ～ 8 月，果期 7 ～ 9 月。

生　　境 生于浅水中。

分　　布 塔里木盆地。

采集加工 冬季茎叶开始枯萎时采挖，洗净，干燥，除去须根及粗皮。

性味归经 味甘，性寒。归肾、膀胱经。

功能主治 利小便，清湿热。主治小便不利、水肿胀满、泄泻尿少、痰饮眩晕、热淋涩痛。

化学成分 三萜类化合物、挥发油、生物碱、脂肪酸、甾醇、树脂、蛋白质和淀粉。

药理作用 降脂、利尿、降血糖。

用法用量 煎汤，6 ～ 12g；或入丸、散。

注　　意 肾虚精滑者忌服。

储　　藏 置于干燥处，防蛀。

野慈姑（剪刀草、慈姑）
Sagittaria trifolia L.

药材名	野慈姑（水慈姑、狭叶慈姑、三脚剪、水芋）
药用部位	块茎

生物学性状 多年生水生或沼生草本。根状茎短。挺水叶箭形，具狭长的裂片。花序总状或圆锥状；苞片 3；花单性；外轮花被萼片状，绿色，椭圆形或广卵形；内轮花被花瓣状，白色或淡黄色，基部无紫斑，基部收缩；雄花多轮，雄蕊多数，花药黄色，花丝通常外轮短，向内渐长；雌花花梗短，心皮多数，两侧压扁，花柱自腹侧斜上。瘦果倒宽三角形，两侧压扁，具翅，翅多少不整齐；果喙短，全缘或有裂。花期 6 ～ 7 月，果期 8 ～ 9 月。

生　　境 生于浅水中及沼泽地。

分　　布 阿勒泰市、布尔津县、焉耆回族自治县、尉犁县等。

采集加工 秋季地上部分枯萎时采挖。

性味归经 味辛、甘，性寒，有小毒。

功能主治 解毒疗疮，清热利胆。治黄疸、瘰疬、蛇咬伤。

化学成分 蛋白质、脂肪、碳水化合物、钙、磷、铁。

药理作用 抑制受精。

用法用量 煎汤，25 ～ 50g。外用捣敷或研末调敷。

储　　藏 置于干燥处。

禾本科 Gramineae

芦苇（芦、苇、葭）

Phragmites australis (Cav.) Trin. ex Steud.

药材名 芦根（芦茅根、苇根、芦菰根、顺江龙、水蓈蘒、芦柴根、芦通、苇子根、芦芽根、甜梗子、芦头）

药用部位 根状茎（地下茎）

生物学性状 多年生高大草本。地下茎粗壮，横走，节间中空，节上有芽；茎直立，中空。叶 2 列，互生；叶鞘圆筒状；叶舌有毛；叶片扁平，边缘粗糙。穗状花序排列成大型圆锥花序，顶生，微下垂，下部枝腋间具白色柔毛；小穗通常有 4 ～ 7 花；第 1 花通常为雄花，颖片披针形，不等长，第 1 颖片长为第 2 颖片之半或更短，外稃长于内稃，光滑开展；两性花，雄蕊 3，雌蕊 1，花柱 2，柱头羽状。颖果椭圆形，与内稃分离。花果期 7 ～ 10 月。

生　　境 生于河流、池沼岸边浅水中。

分　　布 全疆大部分地区。

采集加工 夏秋季采挖，晒干或鲜用。

性味归经 味甘，性寒。归肺、胃、膀胱经。

功能主治 清热生津，除烦止呕，利尿，透疹。主治热病烦渴、胃热呕吐、肺热咳嗽、肺痈吐脓、热淋、麻疹、解河豚鱼毒。

化学成分 维生素 B_1、维生素 B_2、维生素 C、蛋白质、脂肪、碳水化合物、天冬酰胺、氨基酸、脂肪酸、甾醇、多元酚、丁香醛、松柏醛、香草酸、阿魏酸、对 - 香豆酸、二氧杂环己烷、木质素、薏苡素、小麦黄素、β- 香树脂醇、多糖。

药理作用 松弛离体豚鼠肠管、抑制骨骼肌。

用法用量 煎汤，15 ～ 30g，鲜品 60 ～ 120g；或鲜品捣汁。外用适量，煎汤洗。

储　　藏 置于干燥通风处。

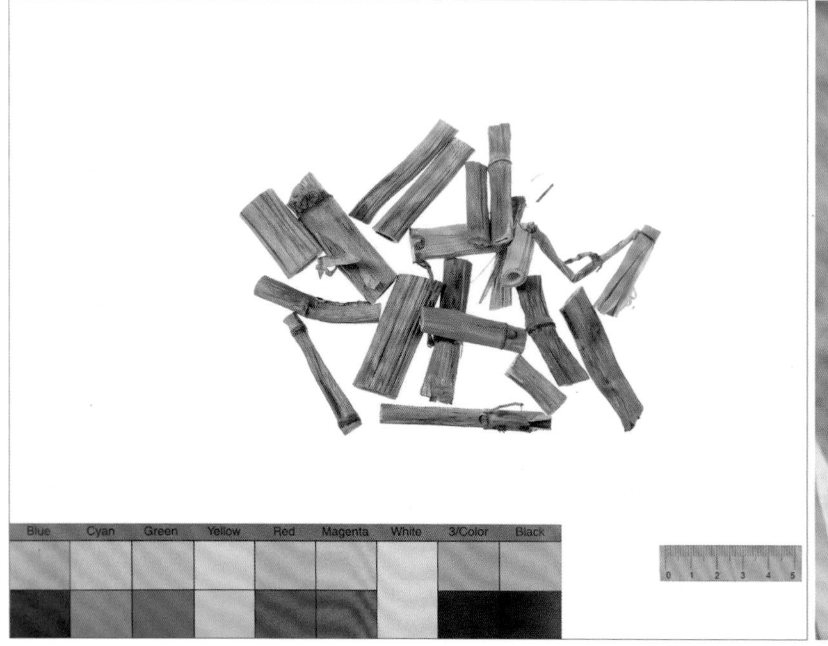

狗尾草（谷莠子、莠）

Setaria viridis (L.) Beauv.

药材名 狗尾草（阿罗汉草、稗子草、狗尾巴草）

药用部位 全草

生物学性状 一年生草本。叶鞘边缘密生长绵毛状纤毛；叶舌极短，边缘具纤毛；叶片通常无毛或疏被疣毛。圆锥花序紧密呈圆柱状或基部稍疏离，主轴被较长的柔毛，通常绿色、紫红色或紫色；小穗簇生于主轴上或更多的小穗着生于短枝上；第一颖卵形至宽卵形，先端钝或稍尖；第二颖椭圆形；第一外稃具 5 ～ 7 脉，先端钝，内稃短小狭窄；第二外稃椭圆形，顶端钝，具细点状皱纹，边缘内卷，狭窄。颖果灰白色。花果期 6 ～ 9 月。

生　　境 生于海拔 40 ～ 4000m 的平原绿洲及山地农区的田边、地埂、荒野、路边。

分　　布 全疆。

采集加工 夏秋季采收，晒干。

性味归经 味甘、淡，性凉。归心、肝经。

功能主治 清热利湿，祛风明目，解毒，杀虫。主治风热感冒、黄疸、小儿疳积、痢疾、小便涩痛、目赤涩痛、痈肿、疮癣。

化学成分 淀粉。

药理作用 花粉是一重要致敏原。

用法用量 煎汤，6 ～ 12g。外用适量，煎水洗或捣敷。

储　　藏 置于干燥通风处。

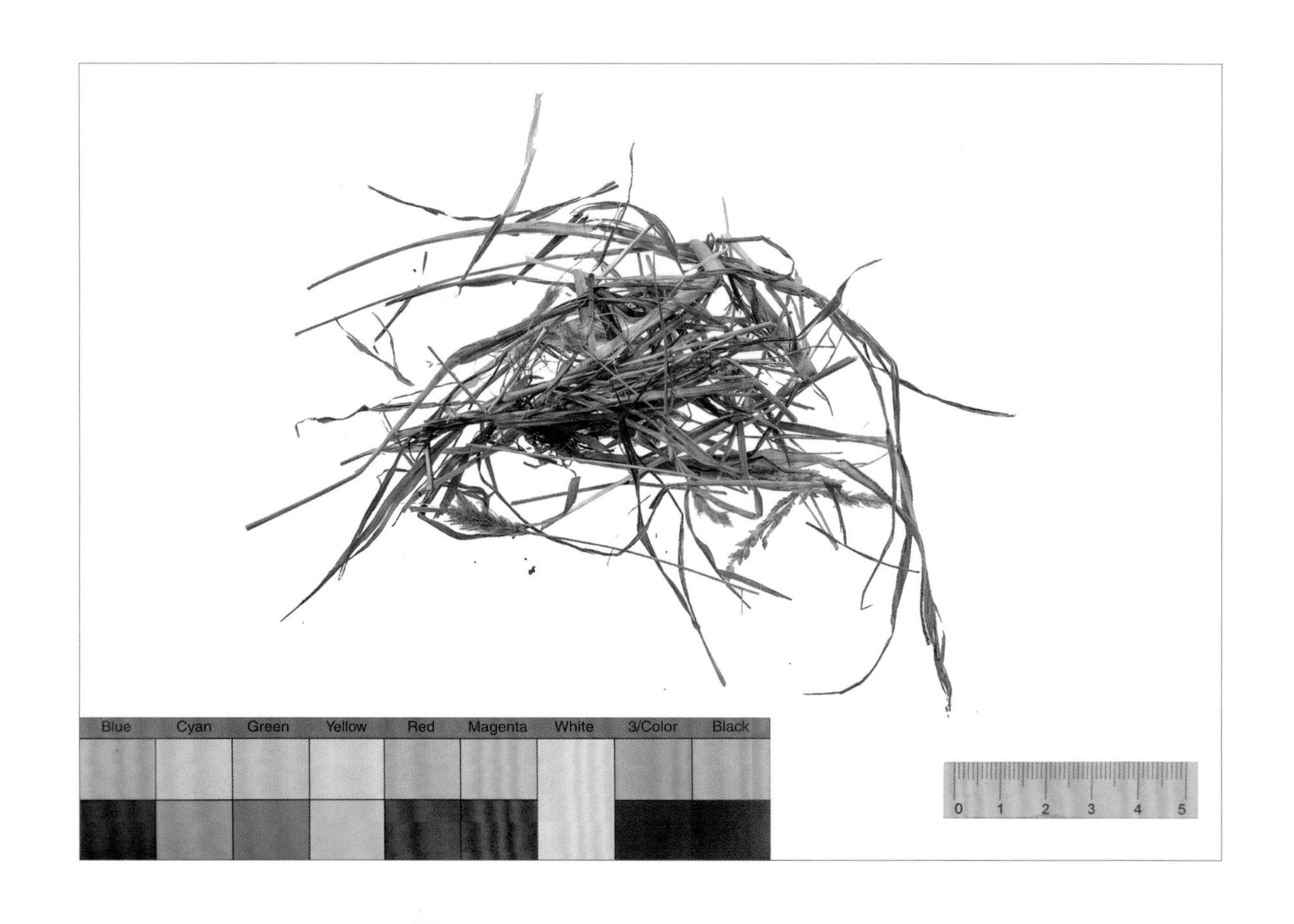

莎草科 Cyperaceae

扁秆荆三棱

Bolboschoenus planiculmis
(F. Schmidt) T. V. Egorova

药材名	扁秆藨草（水莎草、三棱草）
药用部位	块茎

生物学性状 多年生草本，具匍匐根茎和块茎。秆较细，三棱柱形，平滑，基部膨大。叶基生或秆生；叶片线形，扁平，基部具长叶鞘。叶状苞片 1 ～ 3，长于花序，边缘粗糙；聚伞花序头状；小穗卵形或长圆卵形，褐锈色，具多数花；鳞片长圆形，膜质，褐色或深褐色，疏被柔毛，有 1 脉，先端有撕裂状缺刻，具芒；下位刚毛有倒刺；雄蕊 3。小坚果倒卵形或宽倒卵形，扁，两面稍凹或稍凸。花期 5 ～ 6 月，果期 6 ～ 7 月。

生　　境 生于海拔 1600m 以下的河边、沟边、湖边及田边近水处。

分　　布 全疆。

采集加工 夏秋季采收，除去茎叶及根茎，洗净，晒干。

性味归经 味苦，性平。归肺、胃、肝经。

功能主治 祛淤通经，行气消积。主治经闭、痛经、产后淤阻腹痛、症瘕积聚、胸腹胁痛、消化不良。

用法用量 煎汤，15 ～ 30g。

储　　藏 置于干燥通风处，防潮。

水葱（南水葱）

Schoenoplectus tabernaemontani (C. C. Gmelin) Palla

药材名	水葱（莞、苻蓠、莞蒲、夫蓠、葱蒲、莞草、蒲苹、水丈葱、冲天草、翠管草）
药用部位	地上部分

生物学性状 多年生草本。匍匐根茎粗壮。秆高大，仅顶生叶鞘有叶片。叶片线形。苞片钻状，常短于花序；聚伞花序假侧生；小穗单生或簇生，长圆状卵形，先端急尖或钝圆，密生多数花；鳞片椭圆形或宽卵形，褐色，边缘有缘毛，先端微凹；下位刚毛6，有倒刺，与小坚果等长；雄蕊花药线形；柱头长于花柱。小坚果倒卵形，双凹状，较少为三棱形，平滑。花果期6～9月。

生　　境 生于海拔100～3700m的平原绿洲及山区的积水沼泽、水边湿草地及水稻田里。

分　　布 全疆。

采集加工 夏秋季采收，晒干或鲜用。

性味归经 味甘、淡，性平。归膀胱经。

功能主治 利水消肿。主治水肿胀满、小便不利。

化学成分 脂肪、蛋白质、粗纤维、多糖等。

药理作用 抑菌等。

用法用量 煎汤，5～10g。

储　　藏 置于干燥通风处。

三棱水葱（野荸荠、光棍草、光棍子）
Schoenoplectus triqueter (L.) Palla

药材名 藨草

药用部位 全草

生物学性状 多年生草本。匍匐根茎细长。秆散生，三棱形，较粗壮，先端叶鞘有叶片。叶片扁平。苞片为秆的延长，三棱形；聚伞花序假侧生；小穗卵形或长圆形，膜质，黄棕色，边缘疏生缘毛，先端微凹或圆形；下位刚毛有倒刺，与小坚果近等长；花药线形；花柱短，细长。小坚果卵形，平凸状，熟时黑褐色，平滑，具光泽。花果期 6 ～ 10 月。

生　　境 生于河边、水塘边、山溪边、沼泽地及低洼潮湿处。

分　　布 全疆。

采集加工 秋季采收，洗净，切段，晒干。

性味归经 味甘、微苦，性平。入脾、胃、膀胱经。

功能主治 开胃消食，清热利湿。主治饮食积滞、胃纳不佳、呃逆饱胀、热淋、小便不利。

用法用量 煎汤，15 ～ 30g。

注　　意 孕妇及体虚无积滞者慎服。

储　　藏 置于干燥通风处。

鸢尾科 Iridaceae

喜盐鸢尾（厚叶马蔺、盐藻鸢尾、碱地马蔺、盐地鸢尾、盐生鸢尾）
Iris halophila Pall.

药材名 马蔺子、马蔺花、马蔺根
药用部位 种子、花、根状茎

生物学性状 多年生草本。根状茎粗壮，有老叶叶鞘残留。叶剑形，具纵脉，中脉不明显。花茎粗壮；苞片3，草质，边缘膜质，内包含有2朵花；花黄色；外花被裂片提琴形，内花被裂片较前者略短；花药黄色；花柱分枝，扁平，呈拱形弯曲，子房纺锤形。蒴果具棱，翅状，顶端具长喙，成熟后开裂。种子黄棕色，表面皱缩，具光泽。花期5～7月，果期7～8月。

生　　境 生于海拔600～800m的低山盐碱草甸草原及低洼荒地。

分　　布 天山、阿尔泰山等。

采集加工 春秋季采根，花开时采花，果实成熟后采收种子，晒干。

性味归经 味甘、淡，性凉。

功能主治 种子：用于咽喉痛、吐血、月经过多。花：用于痈肿疮疖。根状茎：用于痔疮。

化学成分 皂苷、鞣质等。

药理作用 抗炎、抗菌、抗肿瘤、抗氧化、保肝等。

用法用量 10～30g，水煎服。

储　　藏 置于阴凉通风处。

白花马蔺（马莲、马帚、箭秆风、兰花草）
Iris lactea Pall.

药材名	白花马蔺根、白花马蔺叶、白花马蔺花、白花马蔺子
药用部位	根、叶、花、种子

生物学性状 多年生密丛草本。根粗壮，须根稠密发达，呈伞状分布。叶基生，宽线形，灰绿色。花 2 ～ 4 朵，白色或浅蓝色。蒴果长椭圆状柱形，有 6 条明显的肋，顶端有短喙。种子为不规则的多面体，棕褐色，略有光泽。花期 4 ～ 6 月，果期 6 ～ 8 月，种子 9 月成熟。

生　　境 生于海拔 850 ～ 1500m 的山坡草地，以及海拔 450 ～ 670m 的绿洲平原荒地、路旁。

分　　布 天山一带。

采集加工 马蔺花：开花后择晴日采摘，阴干或晒干。马蔺子：8 ～ 9 月果实成熟时，晒干，除杂。马蔺根、叶：8 ～ 9 月采收，晒干。

性味归经 马蔺花：味咸、酸、微苦，性凉。马蔺子：味甘，性平。

功能主治 马蔺花：止血利尿；主治喉痹、吐血、衄血、小便不通、淋病、疝气、痈疽等。马蔺子：清热解毒、止血；主治黄疸、泻痢、白带、痈肿、喉痹、疖肿、风寒湿痹、吐血、衄血、血崩等。马蔺叶：治喉痹、痈疽、淋病。马蔺根：清热解毒；治喉痹、痈疽、风湿痹痛。

化学成分 种皮：马蔺子甲素、马蔺子乙素、马蔺子丙素、羽扁豆烯 -3- 酮、白桦脂醇、β-谷甾醇、植物蜡。种仁：脂肪酸。

药理作用 避孕等。

用法用量 花：煎汤，3 ～ 6g，或入丸、散，或绞汁。种子：煎汤，3 ～ 9g，或入丸、散；外用适量，研末调敷或捣敷。根：煎汤，3～9g，或绞汁；外用适量，煎汤熏洗。

储　　藏 置于干燥通风处，防潮。

膜苞鸢尾（镰叶马蔺）
Iris scariosa Willd. ex Link.

药 材 名 膜苞鸢尾
药用部位 根状茎

生物学性状 多年生草本。根状茎粗壮，斜伸，棕黄色。叶镰状弯曲，花茎无茎生叶。苞片 3，膜质，边缘红紫色，先端渐尖，内含有 2 朵花；花蓝紫色；外花被裂片倒卵形，爪窄楔形，中脉有黄色毛状附属物，内花被裂片倒披针形，直立；花柱分枝淡紫色，顶端裂片三角形，子房纺锤形。蒴果纺锤形或圆柱形，顶端膨大为环状，喙不明显，肋 6 条明显，成熟后室背开裂。种子深褐色，表面多皱纹，长圆形。花期 5 ～ 6 月，果期 6 ～ 7 月。

生　　境 生于海拔 520 ～ 1500m 干旱石质山坡、阔叶林间草地、山间冲积砾石堆。

分　　布 阿尔泰山、阿拉套山、天山各地。

采集加工 春秋季采根，晒干。

性味归经 味甘、辛，性凉。入肺、胃经。

功能主治 清热解毒，利咽。治咽喉肿痛、齿龈红肿、外科疮痈肿毒等。

化学成分 鸢尾苷、皂苷、鞣质、挥发油。

用法用量 研成粉后，炼蜜适量制成丸剂含服。

储　　藏 置于干燥处。

细叶鸢尾 [老牛拽、细叶马蔺、丝叶马蔺（东北）]

Iris tenuifolia Pall.

药材名 马蔺

药用部位 根、种子

生物学性状 多年生密丛草本，植株基部残留老叶叶鞘。根状茎块状。叶丝状，扭曲卷旋，中脉不明显。花茎甚短，不伸出地面；苞片披针形，先端尾尖，边缘膜质，中脉明显；花蓝紫色；外花被裂片匙形，爪长，内花被裂片直立；花柱具分枝，顶端三角形，子房圆柱状。蒴果倒卵形，顶端有短喙，成熟后开裂。种子长圆形，表面多皱纹，黑褐色。花期 5 ～ 6 月，果期 6 ～ 9 月。

生　　境 生于海拔 780 ～ 1400m 的山地草甸草原、冲积扇荒漠草原。

分　　布 天山、阿尔泰山、北塔山等。

采集加工 秋季采收，洗净，鲜用或晒干。

性味归经 味微苦，性凉。

功能主治 安胎养血。治胎动血崩。蒙药：主治妊娠出血、胎动不安、崩漏。

化学成分 鸢尾苷、皂苷、鞣质、挥发油。

药理作用 抗阿尔茨海默病等。

用法用量 10 ～ 30g，水煎服。

储　　藏 置于通风处。

主要参考文献

阿布来提·阿布力孜, 乌利亚·依明, 周文婷, 等. 2012. 维药榅桲提取物降压作用的实验研究. 新疆医科大学学报, 35(4): 432-435.

蔡鸿, 鲍忠, 姜勇, 等. 2007. 不同产地管花肉苁蓉中有效成分的定量分析. 中草药, (3): 452-455.

陈靖, 张朝凤, 张勉. 2010. 卷茎蓼地上部分化学成分研究. 中国中药杂志, 35(23): 3165-3167.

陈奎奎, 陆海空, 兰卫, 等. 2016. 维药牛舌草的显微及薄层鉴别. 时珍国医国药, 27(2): 369-371.

陈佩东, 严辉, 陶伟伟, 等. 2015. 我国香蒲属水生药用植物资源及其资源化利用研究. 中国现代中药, 17(7): 656-662.

陈晓燕. 2014. 桃仁、桑叶化学成分及生物活性研究. 北京协和医学院博士学位论文.

陈兴芬, 单承莺, 马世宏, 等. 2010. 侧柏叶化学成分、生理活性及防脱发功能研究进展. 中国野生植物资源, 29(3): 1-5.

崔箭, 庞宗然, 崔勋. 2003. 野罂粟化学成分及药理作用研究进展. 河北医学, (6): 553-555.

崔明宇, 冀有良, 苏连杰, 等. 2008. 蓬子菜的化学成分与药理作用. 国外医药(植物药分册), (3): 112-114.

崔秀荣, 马海波, 张旗, 等. 2012. 苍耳子的化学成分和临床应用研究进展. 现代药物与临床, 27(6): 614-618.

丁凤伟. 2011. 玫瑰花化学成分及有效部位的研究. 山东中医药大学硕士学位论文.

丁怀伟, 姚佳琪, 宋少江. 2008. 马齿苋的化学成分和药理活性研究进展. 沈阳药科大学学报, (10): 831-838.

窦景云, 于俊生. 2013. 夏枯草药理作用及临床应用研究进展. 现代医药卫生, 29(7): 1039-1041.

方瑞萍, 唐辉, 黄剑, 等. 2014. 雪菊的药理作用及营养成分的分析方法研究进展. 材料导报, 28(19): 143-146.

房慧勇, 单高威, 秦桂芳, 等. 2012. 紫菀的化学成分及其药理活性研究进展. 医学研究与教育, 29(5): 73-77.

高红梅, 赵阿娜, 于秀华. 2012. 马齿苋化学成分分离与鉴定. 中国药房, 23(47): 4480-4481.

古丽沙尼, 加米拉. 2013. 哈萨克族常用药材刺齿青兰的质量标准研究. 中国民族医药杂志, 19(11): 48-49.

郭致杰, 胡冠芳, 刘敏艳, 等. 2012. 顶羽菊提取物对蚜虫和朱砂叶螨的生物活性研究. 草地学报, 20(5): 957-960.

韩继新. 2007. 锦鸡儿属药用植物化学成分及药理活性研究概述//中国植物学会药用植物及植物药专业委员会, 新疆植物学会. 第七届全国药用植物和植物药学术研讨会暨新疆第二届药用植物学国际学术研讨会论文集: 4.
赫军, 周畅玓, 马秉智, 等. 2015. 龙葵的化学成分及抗肿瘤药理活性研究进展. 中国药房, 26(31): 4433-4436.
洪宗国, 余学龙, 陈艺球, 等. 1995. 北艾、川艾精油化学成分比较研究. 中南民族学院学报(自然科学版), (3): 68-71.
胡佳琦, 冯佳媛. 2012. 肉苁蓉的化学成分和药理作用. 中医临床研究, 4(15): 26-28
黄丹丹, 张吟. 2013. 无花果药用价值研究进展. 海峡药学, 25(12): 50-53, 269.
库尔班・吐松, 展锐, 张宏, 等. 2010. 顶羽菊抗氧化活性研究. 生物技术通讯, 20(3): 406-412.
李国强, 庄重, 李振凯. 1997. 中草药新疆元胡形态结构研究. 新疆农业科技, (1): 31.
李红伟, 郑晓珂, 弓建红, 等. 2013. 独行菜和播娘蒿化学成分及药理作用研究进展. 药物评价研究, 36(3): 235-240.
李朋收, 刘洋洋, 范冰舵, 等. 2014. 鹰嘴豆化学成分及药理作用研究进展. 中国实验方剂学杂志, 20(11): 235-238.
李希珍, 张浩, 王翠竹, 等. 2014. 曼陀罗化学成分及生物活性研究进展. 特产研究, 36(2): 75-78.
李雅丽, 王增尚, 刘博, 等. 2016. 黑种草子化学成分和药理研究进展. 中国药学杂志, 51(14): 1157-1161.
李艳艳, 冯俊涛, 张兴, 等. 2005. 苦豆子化学成分及其生物活性研究进展. 西北农业学报, (2): 133-136, 140.
李诒光, 罗永明, 陈杰. 2001. 唐松草属植物的化学与药理研究概况. 江西中医学院学报, (2): 93-95.
梁波, 张小丽. 2008. 中药拳参化学成分及药理活性研究进展. 甘肃高师学报, (5): 53-55.
梁晶晶, 孙连娜, 陶朝阳, 等. 2007. 水烛香蒲叶的化学成分研究. 药学实践杂志, (3): 150-151, 183.
凌映桃. 1987. 白花老鹳草治疗灼伤. 云南中医杂志, (6): 18.
刘超祥, 方成武, 刘耀武. 2014. 罗勒化学成分与抗氧化活性影响因素研究进展. 贵州农业科学, 42(6): 51-55.
刘建英, 刘玉梅. 2012. 青兰属植物的化学成分及药理作用研究进展. 食品科学, 33(13): 314-319.
刘晓东, 闫明, 刘发. 2008. 维药驱虫斑鸠菊的研究进展. 时珍国医国药, 19(12): 2877-2880.
刘雅萱. 2010. 中药白头翁的化学成分研究. 长春中医药大学硕士学位论文.
刘意, 成亮, 延在昊, 等. 2015. 鹅绒委陵菜化学成分及药理作用研究进展. 中草药, 46(8): 1251-1258.
刘勇民. 1987. 维吾尔药志. 上册. 乌鲁木齐: 新疆科技卫生出版社.
刘政波. 2009. 三种鹅绒藤属植物中苯乙酮类化合物的高速逆流色谱法分离(白首乌、牛皮消、徐长卿). 山东农业大学硕士学位论文.

罗宏, 尹海波. 2011. HPLC同时测定鼠掌老鹳草中5种活性成分的含量. 中国实验方剂学杂志, 17(5): 83-86.
吕晓慧, 孙宗喜, 苏瑞强, 等. 2012. 柴胡及其活性成分药理研究进展. 中国中医药信息杂志, 19(12): 105-107.
聂安政, 林志健, 王雨, 等. 2017. 秦艽化学成分及药理作用研究进展. 中草药, 48(3): 597-608.
裴世敏. 2017. 大车前苷抑制MMP-9活性影响乳腺肿瘤生长和转移的研究. 中国农业大学博士学位论文.
朴惠顺, 金光洙. 2006. 木贼的化学成分和药理作用研究进展. 时珍国医国药, (6): 1077-1078.
普珍, 王聚乐, 袁瑞瑛. 2011. 藏药材杉叶藻质量标准研究. 中国医药指南, 9(7): 48-50.
沈梅芳, 李小萌, 单琪媛. 2012. 薄荷化学成分与药理作用研究新进展. 中华中医药学刊, 30(7): 1484-1487.
沈小燕, 解成喜. 2009. 天山堇菜提取物抗氧化性的研究. 食品科学, 30(1): 139.
盛华刚. 2013. 水红花子的化学成分和药理作用研究进展. 化工时刊, 27(2): 44-46.
石梦菲. 2015. 菊叶香藜精油的提取、成分分析及抑菌活性研究. 西藏大学硕士学位论文.
宋佳, 倪士峰, 巩江, 等. 2009. 打碗花属药用植物药学研究进展. 山东中医杂志, 28(11): 822-823.
苏卜利, 曾荣, 黄长干, 等. 2012. 凤仙花的化学成分和生物活性研究进展. 食品工业科技, 33(2): 418-422.
孙培杰. 2002. 紫草的药理作用与临床应用研究进展. 中医药信息, (4): 19.
孙巍. 2014. 板蓝根的化学成分和药理作用综述. 中国医药指南, 12(9): 35-36.
田莉, 田树革. 2014. 欧洲鳞毛蕨化学成分及药理作用研究进展. 新疆医科大学学报, 37(9): 1118-1120.
田苗, 沈彤, 王秀茹. 2012. 萎软紫菀化学成分的研究. 中草药, 43(5): 847- 850.
田婷, 陈华, 冯亚龙, 等. 2014. 泽泻药理与毒理作用的研究进展. 中药材, 37(11): 2103-2108.
婷婷, 文今福, 金松南. 2012. 地锦草的化学成分及药理作用研究进展. 泰山医学院学报, 33(8): 629-632.
仝令坤, 王弘, 张笑天, 等. 2018. 中药罗布麻叶中化学成分的LC/MS分析及其最佳采收期的研究. 中国药学 (英文版), 27(4): 251-262.
王宝珍, 解红霞. 2014. 悬钩子属植物化学成分和药理作用研究新进展. 中南药学, 12(5): 466-487.
王东东, 汤紫薇, 党稳梅, 等. 2016. 疏花蔷薇果总多酚抗氧化活性. 安徽农业科学, 44(1): 162-164.
王洪玲, 梁文娟, 朱继孝, 等. 2017. 藏族药西伯利亚蓼化学成分的分离鉴定. 中国实验方剂学杂志, 23(7): 60-63.

王俊丽, 公维镇, 肖璇, 等. 2010. 藏药珠芽蓼的研究与应用. 中央民族大学学报(自然科学版), 19(1): 28-33.

王平, 童应鹏, 陶露霞, 等. 2014. 西红花的化学成分和药理活性研究进展. 中草药, 45(20): 3015-3028.

王婷, 苗明三, 苗艳艳. 2015. 小茴香的化学、药理及临床应用. 中医学报, 30(6): 856-858.

王伟, 陈伟, 陈虎彪, 等. 2001. 红花岩黄芪化学成分研究. 北京大学学报(医学版), (3): 205-208.

王中华, 郭庆梅, 周凤琴. 2014. 芦根化学成分、药理作用及开发利用研究进展. 辽宁中医药大学学报, 16(12): 81-83.

韦凤, 涂冬萍, 王柳萍. 2015. 火麻仁食用开发和药理作用研究进展. 中国老年学杂志, 35(12): 3486-3488.

魏友霞, 王军宪, 姚鸿萍. 2007. 补血草属植物化学成分和药理作用研究进展. 西北药学杂志, (4): 222-225.

沃联群, 罗光明, 王保秀, 等. 2005. 草泽泻三萜类化学成分的研究. 中国中药杂志, 30(16): 1263.

吴岚. 2016. 野火球生药鉴定及镇静催眠作用研究. 佳木斯大学硕士学位论文.

吴柒柱, 包巴特尔, 白海花. 2004. 蒙药肋柱花的研究进展. 时珍国医国药, (6): 366-367.

吴威, 李巍, 张易, 等. 2013. 胡桃科植物的化学成分与生物活性研究进展. 中草药, 44(17): 2480-2488.

武彦文, 高文远, 苏艳芳, 等. 2005. 火绒草属植物的化学成分和药理活性研究进展. 中国中药杂志, (4): 6-9.

肖凯, 张雷, 韩庆通, 等. 2016. 盔状黄芩中的新克罗烷型二萜化合物. 中国中药杂志, 41(18): 3366-3370.

解龙霄, 孙得峰, 汪海洋, 等. 2015. 石头花属植物的化学成分及药理作用研究进展. 中草药, 46(2): 280-292.

谢松. 2014. 草原老鹳草质量标准与有效成分提取工艺研究. 西南交通大学硕士学位论文.

徐燕, 李曼曼, 刘增辉, 等. 2012. 萹蓄的化学成分及药理作用研究进展. 安徽农业大学学报, 39(5): 812-815.

许国英, 谢玉英. 1994. 中亚天仙子生物碱成分的研究. 干旱区研究, (3): 44-46.

许瑞波, 曹晓英, 王明艳, 等. 2009. 睡莲叶黄酮的提取及其抑菌活性研究. 食品科技, 34(4): 190-192, 197.

许晓洁, 王秋桐, 石舵. 2017. 金露梅的药理作用、化学成分及含量测定方法. 中国药房, 28(22): 3155-3156.

轩辕欢, 王纤汝, 刘兆龙. 2017. 新疆产金黄柴胡和天山柴胡中柴胡皂苷含量的研究. 中医药导报, 23(24): 65-66, 70.
颜佩芳, 刘桂英, 赵士敏, 等. 2009. 平车前化学成分的研究. 中国药学杂志, 44(1): 19-21.
杨宏伟, 周考文, 于春洋. 2011. 蓝花喜盐鸢尾和喜盐鸢尾的化学成分比较分析. 光谱实验室, 28(5): 2723-2727.
杨丽娜, 邢建国, 何承辉, 等. 2013. 维药香青兰的化学成分与药理作用评价. 世界临床药物, 34(4): 226-231.
杨昕宇, 肖长芳, 张凯熠, 等. 2015. 麻黄临床应用与药理作用研究进展. 中华中医药学刊, 33(12): 2874-2877.
杨阳, 陈洁君, 王辉, 等. 2013. 膜苞鸢尾和蓝花喜盐鸢尾的化学成分研究. 中草药, 44(11): 1371-1375.
杨阳, 刘少静, 杜强, 等. 2015. RP-HPLC法测定细叶鸢尾中二氢黄酮的含量. 安徽医药, 19(5): 862-865.
杨雨萌, 张志国. 2018. 蓼属药用植物的化学成分及药理作用研究进展. 科技经济导刊, 26(4): 144-145.
于海峰. 2011. 麻黄研究简史. 黑龙江中医药大学硕士学位论文.
苑辉卿, 左春旭. 1992. 地梢瓜化学成分的研究. 药学学报, (8): 589-594.
张贵杰, 李宁, 倪慧, 等. 2008. 骆驼刺属植物的化学成分与生物活性. 现代药物与临床, 23(4): 157-160.
张惠迪, 张所明, 王明安, 等. 1992. 藏药线叶紫菀化学成分的研究. 兰州大学学报, (1): 68-71.
张兰胜, 王俊锋, 程永现. 2011. 酸模属植物研究进展. 湖北农业科学, 50(5): 865-870.
张娜, 别智敏, 秦文静, 等. 2008. 酸浆的化学成分及生理功效. 吉林医药学院学报, (2): 104-107.
张萍, 肖新月, 张南平, 等. 2008. 蔷薇科根类药材化学成分及药理作用研究进展. 中国药事, (8): 721-726.
张守泰. 1989. 狼把草治疗痢疾500例. 山东中医杂志, (2): 11-12.
张涛, 马艳杰, 王晓琴. 2013. 沙参属植物化学成分与药理作用研究进展. 北方药学, 10(6): 74-75.
张晓荧. 2010. 紫斑风铃草多糖的化学研究. 吉林大学硕士学位论文.
赵齐, 卢轩, 冯宝民. 2013. 荨麻属植物化学成分和药理活性研究进展. 沈阳药科大学学报, 30(2): 160-164.
赵全成, 周丹, 李春生, 等. 1988. 老头草化学成分的研究. 中药通报, (2): 34-35.
赵永昕, 热娜・卡斯木. 2015. 石榴花的药理作用研究进展. 现代药物与临床, 30(10): 1303-1306.
Gong J, Xu W J, Ma Y R, et al. 2015. Overview of Pharmacological & Ecological Research of *Scirpus tabernaemontani* Gmel. Agricultural Science & Technology, 16(3): 493-496.

拉丁名索引

中文名索引

X

Y

Z

药材名索引